中等职业学校信息技术规划教材

U0325971

丛书主编 杨云江

办公自动化教程

（第2版）

温明剑 主编

汤雪琼 梁利英 杨汝洁 副主编

清华大学出版社

北京

内 容 简 介

本书从办公自动化的基本知识入手,详细介绍了 Windows 7 操作系统和 Office 2010 在现代办公中的应用、Internet 的使用常识、常用工具软件的使用以及常用办公设备的使用和维护技术。

本书内容丰富,浅显易懂,理论阐述适当,采用任务驱动教学法,重点讲述实践性内容,着重培养常用办公软件的使用能力。本书操作步骤讲解细致、描述准确,图文并茂,符合中等职业学校学生的使用特点。在每章后面都配有针对性的上机实训,可以加深学生和读者对学习内容的理解与掌握。

本书主要作为中等职业学校"办公自动化"课程的教材,也可以作为办公自动化培训教材、公务员电子政务和信息化考试的参考资料。

图书在版编目(CIP)数据

办公自动化教程/温明剑主编. —2 版. —北京:清华大学出版社,2019
(中等职业学校信息技术规划教材/杨云江丛书主编)
ISBN 978-7-302-50873-1

Ⅰ. ①办… Ⅱ. ①温… Ⅲ. ①办公自动化－应用软件－中等专业学校－教材 Ⅳ. ①TP317.1

中国版本图书馆 CIP 数据核字(2018)第 178587 号

责任编辑:张　弛
封面设计:李　丹
责任校对:赵琳爽
责任印制:宋　林

出版发行:清华大学出版社
　　　　网　　　址:http://www.tup.com.cn,http://www.wqbook.com
　　　　地　　　址:北京清华大学学研大厦 A 座　　　　　　邮　　编:100084
　　　　社 总 机:010-62770175　　　　　　　　　　　　　邮　　购:010-62786544
　　　　投稿与读者服务:010-62776969,c-service@tup.tsinghua.edu.cn
　　　　质量反馈:010-62772015,zhiliang@tup.tsinghua.edu.cn
　　　　课件下载:http://www.tup.com.cn,010-62770175-4278
印 装 者:北京国马印刷厂
经　　销:全国新华书店
开　　本:185mm×260mm　　　　印　　张:16.75　　　字　　数:382 千字
版　　次:2010 年 8 月第 1 版　　2019 年 1 月第 2 版　　印　　次:2019 年 1 月第 1 次印刷
定　　价:49.00 元

产品编号:075698-01

中等职业学校信息技术规划教材

编审委员会

丛书序
PREFACE

近几年来,党和国家在重视高等教育的同时,给予了职业教育更多的关注。2002 年和 2005 年国务院先后两次召开了全国职业教育工作会议,强调要坚持大力发展职业教育。2005 年下发的《国务院关于大力发展职业教育的决定》,更加明确了要把职业教育作为经济社会发展的重要基础和教育工作的战略重点。胡锦涛总书记、温家宝总理等党和国家领导人多次对加强职业教育工作做出重要指示。党中央、国务院关于职业教育工作的一系列重要指示、方针和政策,体现了对职业教育的高度重视,为职业教育指明了发展方向。

中等职业教育是职业教育的重要组成部分。由于中等职业学校着重于学生技能的培养,学生的动手能力较强,因此其毕业生越来越受到各行各业的欢迎和关注,就业率连续几年都保持在 90% 以上,从而促使中等职业教育呈快速增长的趋势。近年来,中等职业学校的招生规模不断扩大,从 2007 年起,全国中等职业学校的年招生人数均在 800 万以上,在校生人数达 2000 多万。

教育部副部长鲁昕强调,中等职业教育不仅要继续扩大招生规模,而且要以提高质量为核心,加强改革创新,而教材改革是改革创新的重点之一。根据这一精神,我们依托贵州大学职业技术学院、贵州大学全国重点建设职教师资培养培训基地,组织了来自全国十多个省(市、区)、数十所中等职业学校的一线骨干教师,经过精心策划、充分酝酿,并在广泛征求意见的基础上,编写了这套"中等职业学校信息技术规划教材",以期为推动中等职业教育教材改革做出积极而有益的实践。

按照中等职业教育新的教学方法、教学模式及特点,我们在总结传统教材编写模式及特点的基础上,对"项目—任务驱动"的教材模式进行了拓展,以"项目＋任务导入＋知识点＋任务实施＋上机实训＋课外练习"的模式作为本套丛书的主要编写模式,如《Flash CS4 动画制作教程》《计算机应用基础教程》等教材都采用了这种编写模式;但也有针对以实用案例导入进行教学的"项目—案例导入"结构的拓展模式,即"项目＋案例导入＋知识点＋案例分析与实施＋上机实训＋课外练习"的编写模式,如《电子商务实用教程》《网络营销实用教程》等教材采用的就是这种编写模式。

每本教材最后所附的"英文缩写词汇",列出了教材中出现的英文缩写词汇的英文全文及中文含义,另外还附有"常用专业术语解释",对教材中主要的专业术语进行了注释。这两个附录对于初学者以及中职学生理解教材的内容是十分有用的。

　　每本教材的主编、副主编及参编作者都是来自中等职业学校的一线骨干教师,他们长期从事相关课程的教学工作及教学经验的总结研究工作,具有丰富的中等职业教育教学经验和实践指导经验。本套丛书正是这些教师多年教学经验和心得体会的结晶。此外,本套丛书由多名专家、学者以及多所中等职业学校领导组成丛书编审委员会,负责对教材的目录、结构、内容和质量进行指导和审查,以确保教材的编写质量。

　　希望本套丛书的出版,能为中等职业教育尽微薄之力,更希望能给中等职业学校的教师和学生带来新的感受和帮助。

贵州大学名誉校长、博士生导师

丛 书 编 委 会 名 誉 主 任　　李祥

2010 年 3 月

第2版前言
FOREWORD

　　随着信息技术的飞速发展,办公自动化彻底改变了传统的办公方式。为了能适应现代办公的工作方式,办公人员必须具备应用计算机办公软件、办公设备和网络的能力。

　　本书正是为了让学生学习和掌握现代办公方式,提高办公效率而编写。本书以"精通常见办公软件的应用,掌握主流现代办公设备的使用和维护"为目标,以办公自动化软件的应用、Internet 的应用、常用工具软件的使用为主要内容讲述计算机、网络和其他办公设备在办公方面的应用。

　　技术发展,教学跟进。本次修订仍保留第 1 版的主体内容和编写风格,以 Windows 7 为操作系统平台,以 Office 2010 为办公软件安排内容。本次修订,保留了目前仍在广泛使用的计算机知识与技术的介绍,删除陈旧的内容,更新了知识点、实例内容和操作步骤等,补充介绍新信息技术相关内容,如 Windows 7 和 Office 2010 的新功能、网上购物和电子地图等。

　　在教材结构方面,本书使用的是"任务驱动"的教学模式,即将"任务导入＋知识点＋任务实施＋上机实训＋课外练习"作为本书的编写模式。其基本思想是:先提出要解决的实际问题,然后列出要解决该问题所需要的基本知识,再给出如何依据所列出的知识点解决所提出的问题的操作步骤,最后给出一些实用性较强并提供操作步骤指导的上机实训;同时,在每一章后面都配有一定数量的习题,供学生课后练习。

　　本书具有下列特色。

　　(1) 为了适应中职学生的认知能力和学习特点,本书理论知识以"够用"为度,内容强调趣味性、实用性、针对性和可操作性,以精心设计的具体应用实例吸引学生的学习兴趣,并着重培养学生的实际动手能力,让学生在完成具体操作的同时,逐步领会相关知识点,从而掌握相关技能和技巧,做到举一反三,融会贯通。

　　(2) 本书内容翔实,图文并茂,对每个知识点都给出针对性的实例及相应的操作方法与步骤,操作步骤详细、设计思想新颖。在每章后面都配有针对性的上机实训,既可以加深读者对学习内容的理解和掌握,又开拓了设计思维。

　　本书由广东省梅州城西职业技术学校教师温明剑担任主编,广东省梅州城西职业技术学校教师汤雪琼、梁利英以及贵州轻工学院教师杨汝洁担任副主编。

　　虽然我们力求完美,但由于水平有限,书中难免有不足之处,恳请广大读者不吝赐教。

　　本书配套的素材、资源,请登录清华大学出版社网站 http://www.tup.com.cn 下载。

编　者

2018 年 6 月

第1版前言
FOREWORD

随着信息技术的飞速发展,办公自动化彻底改变了传统的办公方式。为了能适应现代办公的工作方式,办公人员必须具备应用计算机办公软件、办公设备和网络的能力。

本书正是为了让学生学习和掌握现代办公方式,提高办公效率而编写。本书以"精通常见办公软件的应用,掌握主流现代办公设备的使用和维护"为目标,以办公自动化软件的应用、Internet 的应用、常用工具软件的使用为主要内容讲述计算机、网络和其他办公设备在办公方面的应用。

在教材结构方面,本书使用的是"项目—任务驱动"的拓展模式,即将"项目+任务导入+知识点+任务实施+上机实训+课外练习"作为本书的编写模式。其基本思想是:先提出要解决的实际问题,然后列出要解决该问题所需要的基本知识,再给出如何依据所列出的知识点解决所提出的问题的操作步骤,最后给出一些实用性较强并提供操作步骤指导的上机实训;同时,在每一章后面都配有一定数量的习题,供学生课后练习。

本书具有下列特色。

特色之一,为了适应中职学生的水平能力和特点,本书理论知识以"够用"为度,内容强调趣味性、实用性、针对性和可操作性,以精心设计的具体应用实例吸引学生的学习兴趣,并着重培养学生的实际动手能力,让学生在完成具体操作的同时,逐步领会相关知识点,从而掌握相关技能和技巧,做到举一反三,融会贯通。

特色之二,本书内容翔实,图文并茂,对每个知识点都给出针对性的实例及相应的操作方法与步骤,操作步骤详细、设计思想新颖。在每章后面都配有针对性的上机实训,既可以加深读者对学习内容的理解和掌握,又开拓了设计思维。

本书由广东省梅州城西职业技术学校教师温明剑担任主编,副主编由广东省梅州城西职业技术学校教师汤雪琼、梁利英,广州市天河职业高级中学教师的梁瀚松和贵州省三穗县职业教育培训中心教师袁仁明担任。贵州大学信息化管理中心杨云江教授担任丛书主编,负责书稿的目录结构、内容的组织、规划与设计,目录的审定以及内容的初审工作。参编的教师有:邓鸿卿、呼树园、黄彩、李霞、廖锦锋、龙厚岚、门智宴、彭林红、丘碧清、孙志方、田加斌、王小琼、吴琳、冼豪源、肖丽、熊英豪、熊裕芹、徐雅琴、袁文韬、曾德纯、曾延松、钟华(注：参编教师按姓名的汉语拼音字母顺序排列)。

　　虽然我们力求完美,但由于水平有限,书中难免有疏漏和错误等不尽如人意之处,恳请广大读者不吝赐教。

　　本书配套素材资源请登录清华大学出版社网站 http://www.tup.com.cn 下载。

编　者

2010 年 7 月

目 录
CONTENTS

预备知识

办公自动化，是现代办公与计算机网络功能结合的一种新型的办公方式。通过计算机和网络，办公人员可以跨越时间、地点，方便快捷地共享信息和处理办公事务。本章介绍办公自动化的基本概念、基本功能，以及所涉及的办公自动化设备和软件，使大家对办公自动化有一个初步的认识。

本章主要内容

- 办公自动化的基本概念；
- 办公自动化的基本功能；
- 办公自动化常用硬件设备；
- 办公自动化常用软件。

能力培养目标

使学生了解办公自动化的基础知识，了解办公自动化的常用硬件设备和常用软件。

1.1 办公自动化概述

20世纪40年代，美国的部分企业开始使用机器处理办公业务，当时把这种手段叫作办公室自动化(Office Automation, OA)。随着科学技术和经济发展，它已超出狭义的一般性办公，包括了办公与管理，人们将其统称为办公自动化。1985年，我国的专家学者在第一次办公自动化规划讨论会上把办公自动化定义为：办公自动化是利用先进的科学技术，不断使人的部分办公业务活动转化于人以外的各种设备之中，并由这些设备与办公人员构成服务于某种目标的人机信息处理系统。

目前，办公自动化是指在政府和企业内部各部门之间利用计算机系统、通信网络、办公设备等，建设一个安全可靠、开放高效的日常办公现代化、信息电子化、传输网络化和决策科学化的管理信息系统。

从上述概念可以看出，办公自动化包含以下五种基本要素：

- 科学技术；
- 办公活动；
- 办公人员；
- 办公设备；
- 人机信息处理系统。

1.2 办公自动化的基本功能

办公自动化系统的功能包括利用现代技术手段进行文字处理、数据处理、图形图像处理、通信处理、文件处理、工作日程和行文办公管理等。

1. 文字处理

文字处理是利用计算机进行文字的输入、编辑和输出。它是办公室工作的主要内容之一，核心部件就是文字处理软件。目前，办公室使用最多的文字处理工具主要有 Word 2010、金山文字处理软件等。

2. 数据处理

数据处理是指通过数据库软件、电子报表软件以及应用数据库软件建立的各类管理信息系统，对输入计算机中的原始数据进行加工、计算、分类、汇总、排序等操作，最后得到相应的信息。目前，办公室领域较常使用的数据处理工具主要有 Excel 2010、Access 2010 等。

3. 语音处理

语音处理是指利用计算机技术对语音进行识别、合成、存储、电话自动拨号、自动应答等。经过多年的研究，语音处理系统目前已走向实用阶段。利用这一先进技术，办公人员可以通过使用话筒对计算机讲话实现文字输入，使办公人员从大量的文字输入工作中解脱出来。

4. 图形和图像处理

图形和图像处理是指图形图像的生成、编辑和修改，图形图像与文字的混合排版、定位、输出与存储等。在办公中主要使用的图形信息有统计图表、曲线表、立体图等。

5. 通信处理

通信处理是指利用计算机收发电子邮件，召开视频会议等。电子邮件通信可以把声音、文字、数字、图像及其组合信息，利用计算机网络从一个地方快速传输到另一个地方。电子邮件对传统的邮件带来巨大的冲击，能更好地为用户服务，极大地提高工作效率。

6. 文件处理

当今科学技术的发展日新月异，计算机大规模地用在了办公自动化方面，随之而产生的电子文件与纸质文件汇成浩大的信息流，成为社会改革、发展和增效的宝贵资源。

7. 工作日程管理

在现代生活中，人们越来越繁忙，每天要处理的工作越来越多。如何有效地管理自己每天的日程安排、提升工作效率，按时按量地完成工作，已经变得越来越重要。为了帮助人们很好地管理自己的日程安排、按时完成工作，一些软件应运而生，常用的有"日程精灵2008"等。

8. 行文办公管理

办公自动化行文管理系统融合了办公管理中所应有的文字处理、文件处理、图像处理、行政管理、档案管理、远程办公等各项功能，能够完成办公行文、档案管理、会议安排、大事记编排、信息管理、事务督办等。

1.3 办公自动化设备

办公自动化设备也称办公自动化系统硬件。办公自动化系统是在办公自动化设备的支撑下工作的，也可以说办公自动化设备是实现办公自动化的先决条件。常用的办公自动化设备主要包括计算机（俗称"电脑"）、打印机、扫描仪、投影仪等。

1. 计算机

在现代办公自动化系统中，计算机起主导作用，它"协调"办公设备共同完成办公自动化的任务。办公室用得最多的是计算机。

1）台式计算机

台式计算机是办公室使用最为广泛的一种计算机设备（如图1-1所示），具有价格便宜、稳定性好、连接其他办公设备方便等优点。缺点是移动不灵活，占用桌面空间较多。

2）笔记本电脑

近年来，随着笔记本电脑不断降价，越来越多的单位选择笔记本电脑（如图1-2所示）。笔记本电脑的最大优点是携带方便。但笔记本电脑与外部设备的连接不太方便，且价格比台式计算机高一些。

图1-1　台式计算机　　　　　　　　图1-2　笔记本电脑

2. 打印机

打印机是办公自动化系统的主要输出设备之一，主要用来将办公信息输出到纸张上。常用的打印机主要有针式打印机（如图1-3所示）、喷墨打印机（如图1-4所示）和激光打印机(如图 1-5 所示)。

图 1-3　针式打印机　　　　图 1-4　喷墨打印机　　　　图 1-5　激光打印机

3. 扫描仪

扫描仪是一种光机电一体化的高科技产品,可以将各种形式的图像信息输入计算机。如果配上文字识别软件,还可以快速方便地将各种文稿输入计算机中,大大加快了文字输入速度,如图 1-6 所示。

4. 复印机

复印机是一种人们早已熟悉的现代办公设备,如图 1-7 所示,主要用于复印大量的文件、书刊等文稿,功能强大的复印机甚至可以复印大幅面的工程图或用于一些特殊用途(如显微胶

图 1-6　扫描仪

片的放大复印)。现代彩色复印机和数码复印机的出现,更是把现代复印技术的应用扩充到更广阔的领域。

5. 投影仪

投影仪也是一种常见的现代办公设备,一般与计算机连接在一起使用,可将计算机屏幕显示的所有内容同步显示在大屏幕上,常用于会议、授课演示等场合,如图 1-8 所示。

6. 数码相机

数码相机是集光学、机械、电子技术于一体的产品,如图 1-9 所示。它集成了影像信息的转换、存储和传输等部件,具有数字化存取模式、与计算机交互处理和实时拍摄等优点。数码相机有别于传统相机,它不需要胶卷,具有即拍即现等优点。用数码相机拍的照片可以永久保存在计算机里,并且可以配合图像处理软件对照片进行处理。数码相机作为一种计算机输入设备已广泛应用在现代办公和家庭娱乐中。

图 1-7　复印机　　　　　图 1-8　投影仪　　　　　图 1-9　数码相机

1.4　办公自动化软件

要真正实现办公自动化,仅靠办公设备是远远不够的,还需要一些专业办公自动化软件的支持。办公自动化软件的应用范围很广,大到社会统计,小到会议记录、数字化办公,都离不开办公自动化软件的鼎力相助。常用的办公自动化软件有微软 Office 系列、金山 WPS 系列、永中 Office 系列、红旗 2000 Red Office 等。目前,办公自动化软件正向着智能化、集成化、网络化的方向发展。

1. Microsoft Office

Office 是一套集合型软件,它由各个不同的应用程序组成,其中各个独立的应用程序称为"组件"。例如,组成 Microsoft Office 2010 的组件主要有 Word 2010 、Excel 2010、PowerPoint 2010、Access 2010、Outlook 2010、OneNote 2010、Publisher 2010 等。

1) Word 2010

Word 2010 是一款功能强大的文字处理软件,因其具有良好的用户界面、易学易用等优点而被广泛应用于家庭、学校、机关、企业等场合,成为目前文字处理软件的主流,深受办公人员和专业排版人员的青睐。

2) Excel 2010

Excel 2010 是用来创建和维护电子表格的应用软件。该软件主要适用于机关和公司的财务人员、统计人员、管理人员及销售人员,广泛地用于财务报表、统计报表、销售报表、库存报表等场合,还可以用来处理家庭财务开支、股票信息、活动安排以及学校教务所需的各种表格。

3) PowerPoint 2010

PowerPoint 2010 是演示文稿制作软件,主要用于制作需要在大屏幕上显示的幻灯片。用 PowerPoint 2010 的幻灯片可以直接在计算机屏幕上展示,不再需要专门的幻灯片放映装置,既方便又节约成本,而且对内容的修改和调整也非常方便。

4) Access 2010

Access 2010 是一个面向对象的关系数据库应用系统,主要用于数据库处理,特别适合于中小企业使用。

5) Outlook 2010

Outlook 2010 主要用来发送和接收电子邮件,管理个人日程、联系人,记录日常任务或活动。

6) OneNote 2010

OneNote 2010 是一种数字笔记本,它提供了一个收集所有笔记和信息的位置,并提供了搜索功能和共享笔记本。搜索功能可以迅速找到所需内容,共享笔记本可以管理信息过载和更加有效地与他人协同工作。

7) Publisher 2010

Publisher 2010 是桌面出版应用软件,它可以方便地创建、定制和出版各种资料,如时事通信、宣传册、传单、目录和 Web 站点等。

2. WPS Office

WPS Office 是金山软件股份公司专为中文办公开发的一款高性能办公软件。WPS Office 由文字处理、表格制作、幻灯片演示、电子邮件四大功能模块组成，完全满足现代办公软件的需求。WPS Office 中提供了 32 类 280 个不同样式的标准公文模板、商业模板，大大方便了业务文档的起草。

1) 金山文字 2010

金山文字 2010 为用户提供了近 200 个模板，内容涉及办公、财务、法律、管理、技术、启事、日常生活、业务表、营销等各个领域，方便用户快速起草文件；而且还内置了国家机关最新公文模板及合同范本，更加适合政府办公需要。

2) 金山表格 2010

金山表格 2010 具备了表格设置和统计分析的常用功能，还具有分类汇总、排序筛选等功能，再配合数学、统计、逻辑等七大类近百种函数，可以方便地实现对数据资源的系统化管理。

3) 金山演示 2010

金山演示 2010 用来制作演示文稿，除了提供多种演示模板、配色方案、对象排版样式外，更加注重通过多媒体手段来增强文稿的可视性。

4) 金山邮件 2010

金山邮件 2010 主要用于收发电子邮件，它不仅能够导入 Foxmail、Outlook 邮件格式和地址簿，还可以将金山邮件导出为 Outlook 格式。

3. 其他办公自动化软件

1) 永中 Office

永中 Office 在一套标准的用户界面下集成了文字处理、电子表格和简报制作三大应用；基于创新的数据对象储藏库专利技术，有效解决了 Office 各应用之间的数据集成共享问题。永中 Office 可以在 Windows、Linux 和 Mac OS 等多个不同操作系统上运行。历经多个主要版本的演进，永中 Office 的产品功能丰富，稳定可靠，可高度替代进口的同类软件，且具备诸多创新功能，是一款自主创新的优秀国产办公软件。

2) 红旗 2000 Red Office

红旗 2000 Red Office 公司自主研发的 Red Office 系列是国内首家跨平台的办公软件，包括文字处理、电子表格、演示文稿、绘图工具、网页制作和数据库等功能，其分为专业版和商用版，并且还有维文、蒙文和藏文等少数民族语言版本。红旗 2000 Red Office 办公软件还针对政府办公的特点，提炼了适合系统集成的应用接口，能够完美地嵌入各种电子政务系统中，以满足政府办公的各种需求。

3) Open Office

Open Office 是一套跨平台的办公室软件套件，能在 Windows、Linux、Mac OS 和 Solaris 等操作系统上执行。它能与各个主要的办公室软件套件兼容。Open Office 里面包含了许许多多的工具，不但可以有 Word 一样的字处理，制作简单的图形，更有功能强大的图表功能，也能编写网页，还可以做出微软 Office 中很难处理的数学符号等，支持了

XML、微软的 DOC、XLS、PPT 等文件格式。

1.5　办公自动化的应用

办公室自动化是近年来随着计算机科学发展而提出来的新概念。办公室自动化英文原称 Office Automation，缩写为 OA。办公室自动化系统一般指实现办公室内事务性业务的自动化，而办公自动化则包括更广泛的意义，即包括网络化的大规模信息处理系统。

目前 OA（办公自动化）技术应用分为三个不同的层次。

第一个层次：事务型办公自动化系统。一般只限于单机或简单的小型局域网上的文字处理、电子表格、数据库等辅助工具的应用。事务型 OA 系统其功能都是处理日常的办公操作，是直接面向办公人员的。为了提高办公效率，改进办公质量，适应人们的办公习惯，要提供良好的办公操作环境。

第二个层次：信息管理型 OA 系统。随着信息利用重要性的不断增加，在办公系统中对和本单位的运营目标关系密切的综合信息的需求日益增加。信息管理型 OA 系统是把事务型 OA 系统和综合信息（数据库）紧密结合的一种一体化办公信息处理系统。综合数据库存放单位日常工作所必需的所有信息。例如，在公司企业单位的综合数据库包括工商法规、经营计划、市场动态、供销业务、库存统计、用户信息等。

第三个层次：决策支持型 OA 系统。它建立在信息管理型 OA 系统的基础上，使用由综合数据库系统所提供的信息，针对所需要做出决策的课题，构造或选用决策数字模型，结合有关的内部条件和外部条件，由计算机执行决策程序，做出相应的决策。

第 2 章

中文 Windows 7 操作系统

操作系统是计算机系统软件，是管理和控制计算机硬件与软件资源的计算机程序，任何其他软件都必须在操作系统的支持下才能运行。操作系统的种类相当多，比较有影响力的操作系统有 Windows、Linux、UNIX、OS/2、Mac OS 等。在本章中，我们就以 Windows 7 为例来介绍操作系统的基本使用方法。

本章主要内容

- Windows 7 操作系统基础知识；
- Windows 7 操作系统文件管理；
- Windows 7 操作系统的管理；
- 中英文输入。

能力培养目标

培养学生掌握中文 Windows 7 操作系统的基本操作能力。

2.1　Windows 7 操作系统入门

2.1.1　Windows 7 简介

Windows 7 是由微软公司开发的操作系统，于 2009 年 10 月 22 日在美国正式发布，可供家庭及商业工作环境、笔记本电脑、平板电脑、多媒体中心等使用。它有简易版、家庭普通版、家庭高级版、专业版、企业版和旗舰版等多种版本。

1. Windows 7 的主要特点

（1）易用。Windows 7 简化了许多设计，如快速最大化、窗口半屏显示、跳转列表、系统故障快速修复等。

（2）简单。Windows 7 将会让搜索和使用信息更加简单，包括本地、网络和互联网搜索功能，直观的用户体验更加高级。

（3）效率。Windows 7 中,系统集成的搜索功能非常强大,只要用户打开开始菜单并输入搜索内容,无论要查找应用程序,还是文本文档等,搜索功能都能自动运行,给用户的操作带来极大的便利。

（4）小工具。Windows 7 取消了侧边栏,小工具可以放在桌面的任何位置,而不只是固定在侧边栏。

（5）高效搜索框。Windows 7 操作系统资源管理器的搜索框在菜单栏的右侧,可以灵活调节宽窄。它能快速搜索 Windows 中的文档、图片、程序、Windows 帮助甚至网络等信息。

2. Windows 7 的启动与退出

使用操作系统时,要按正常的步骤进行启动与退出的操作。

若计算机中安装了 Windows 7 操作系统,打开计算机电源,计算机会自动启动 Windows 7 操作系统,自动启动成功后,屏幕上出现系统桌面,如图 2-1 所示。

关闭或重启计算机时,为了避免系统运行时重要数据丢失,必须单击屏幕左下角的【开始】按钮，再单击【关机】按

图 2-1　关机选项菜单

钮，可退出 Windows 7 操作系统关闭计算机。若要进行重启、切换用户、锁定、注销和睡眠等操作,可单击【关机】按钮右侧箭头,则会弹出如图 2-1 所示的关闭选项菜单,还可以将 Windows 7 操作系统设置成以下五种状态。

（1）切换用户。当前用户操作结束后,在当前用户不注销的情况下切换到另一用户登录计算机进行操作。当上一位用户要再次使用计算机时,可以再通过此功能快速切换回去。

（2）注销。注销是指向系统发出清除当前账户请求,清除后即可返回"登录"界面,接着可以登录其他账户。注销可以清空当前用户的缓存空间和注册表信息,但代替不了重新启动。

（3）锁定,用于锁定当前的用户账户。这项命令不注销当前账户,仅回到该操作用户的登录界面,当用户要再次使用时,只需输入密码即可继续使用。如果使用用户没有设置密码,单击用户图标即可直接登录。

（4）重新启动,又称"热启动",系统在重新启动过程中可跳过硬件检测步骤,加快系统的启动速度。

（5）睡眠,主要用于离开计算机时为节省用电量和减少硬件消耗。在计算机进入睡眠状态时,显示器将关闭,计算机的风扇也会停止工作,整个计算机系统处于低功耗状态,按任意键后可快速恢复到睡眠前的工作界面。

2.1.2　Windows 7 界面

1. Windows 7 桌面

Windows 7 操作系统正常启动后,用户首先看到屏幕上显示的图形界面就是

Windows 7 的桌面,如图 2-2 所示。桌面是用户工作的平台,类似于日常生活中的办公桌,桌面摆放着一些经常用到的和特别重要的对象与快捷方式,它们在桌面上被显示成图标,使用时双击该图标就能够快速启动相应的程序或文件。

图 2-2　Windows 7 操作系统桌面

2. 桌面图标

桌面上的各种形象的小型图片称为图标。图标是一个小图像,下面是标题文字,如"计算机""回收站"等。其中左下角带有右上箭头的图标则是快捷方式图标。双击这些图标,就可以直接运行对应的程序、文件夹、文件等,而不用具体知道程序在哪个位置。

1)创建桌面图标

Windows 7 安装之后桌面上只保留了回收站的图标。一般软件安装完成后快捷图标自动在桌面生成,有时用户也可以根据需要自己手动创建。创建桌面图标的操作:右击桌面空白处,在弹出的快捷菜单中,单击选择【新建】/【快捷方式】命令,屏幕显示【创建快捷方式】对话框,如图 2-3 所示。在文本框中输入指定程序的路径和文件名,或单击【浏览】按钮选择指定的程序或文件夹,然后单击【下一步】按钮,屏幕上显示【选择程序的标题】对话框,输入快捷方式名称,单击【完成】按钮,则一个新的快捷图标就出现在桌面上了。也可以在桌面背景上右击,在菜单中单击【个性化】按钮,然后在弹出的设置窗口中单击左侧的【更改桌面图标】,选择常用的"计算机""回收站"等选项,桌面上便显示这些图标了。

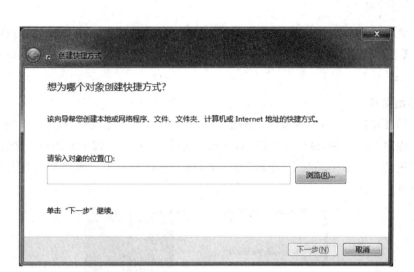

图 2-3　【创建快捷方式】对话框

2）删除桌面图标

右击所要删除的桌面图标，在弹出的快捷菜单中选择【删除】选项。

3）排列桌面图标

使用快捷菜单可以重新排列桌面图标。右击桌面空白处，弹出桌面快捷菜单，将鼠标指针指向【排序方式】，如图 2-4 所示，选择其中一种排序方式即可按要求重排桌面图标。

3. 任务栏

任务栏是位于桌面最下方的长条区域，它显示了系统正在运行的程序和打开的窗口、当前时间等内容，如图 2-5 所示。

每次启动一个应用程序或打开一个窗口后，任务栏上就有代表该程序或窗口的一个任务按钮，将鼠标指针悬停在任务按钮上，会出现一个小缩略图，可以直接从缩略图上关闭窗口。关闭窗口后，该按钮消失。单击任务栏图标可快速打开该文件；右击该图标可以选择解锁等操作。

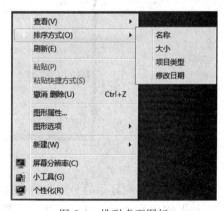

图 2-4　排列桌面图标

图 2-5　任务栏

任务栏右边一般显示"时钟""音量""网络连接"等信息。默认状态下，大部分通知区图标都隐藏在一个小三角形按钮里，如果需要显示图标，单击按钮，选择【自定义】命令，在弹出的窗口中找到要设置的图标,选择【显示图标和通知】选项。任务栏最右边的半透明长方形是【显示桌面】按钮,单击该按钮可以将所有打开的窗口最小化,显示桌面墙纸和工具。

4. 开始菜单

任务栏最左边的图标是开始按钮,单击它就会弹出开始菜单,如图 2-6 所示。菜单是计算机程序、文件夹和设置的主门户,之所以称为"菜单",是因为它提供一个选项列表,就像餐馆里的菜单那样。至于"开始"的含义,在于它通常是用户要启动或打开某项内容的起始位置。

图 2-6　开始菜单

开始菜单左侧显示的是用户的常用应用程序、所有程序及搜索框,右侧显示了指向特定文件夹的相关命令,如【文档】【图片】【音乐】【游戏】【计算机】【控制面板】等,通过这些命令,用户可以实现对计算机的操作与管理。在这里还可以切换用户、注销、重启或关闭计算机等操作。

5. Windows 7 窗口

窗口是用户界面中最重要的部分。它是屏幕上与一个应用程序相对应的矩形区域,每当开始运行一个应用程序时,应用程序就创建并显示一个窗口。当操作窗口中的对象时,程序会做出相应反应。用户可通过关闭一个窗口终止一个程序的运行,通过选择相应的应用程序窗口选择相应的应用程序。下面以【计算机】窗口为例介绍相关组件,如图 2-7 所示。

窗口中一般包含以下部分。

(1)标题栏,是在窗口顶部显示应用程序或文档名的水平栏,拖动标题栏可以在桌面上任意移动窗口。活动窗口的标题栏突出显示。双击标题栏可以最大化窗口或由最大化状态恢复到原来大小。标题栏右边三个按钮分别是最小化、最大化、关闭。

（2）地址栏，显示当前所在的地址路径，可以直接在此输入地址路径运行指定程序或打开指定文件。

（3）搜索栏，输入想要搜索的文件或文件夹名称，系统会自动在当前位置及以下的所有文件夹内搜索具有相似名称的文件或文件夹。

（4）窗口工作区，用于显示应用程序界面或文件中的全部内容。

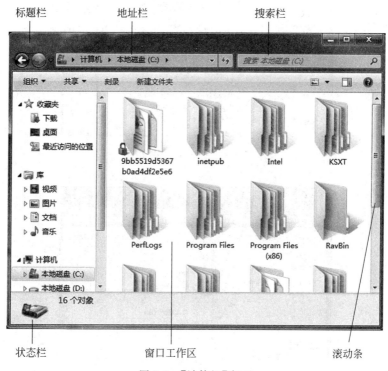

图 2-7　【计算机】窗口

（5）状态栏，位于窗口的底部，显示当前的状态信息。

（6）滚动条。在窗口中不能完全显示相关内容时，将出现垂直滚动条或水平滚动条，用于滚动显示窗口工作区中的内容。

6. Windows 7 菜单

Windows 7 操作系统中，菜单分成两类，即右键快捷菜单和下拉菜单。

用户可以在文件、桌面空白处、窗口空白处、盘符等区域上右击，即可弹出一个快捷菜单，其中包含对选择对象的操作命令，如图 2-8 所示。

另一种菜单是下拉菜单，用户只需单击不同的菜单项，即可弹出下拉菜单。例如，在【计算机】窗口中单击【组织】菜单，即可弹出一个下拉菜单，如图 2-9 所示。

有些菜单的后面带有特殊的符号，所表示的含义如表 2-1 所示。

图 2-8　右键快捷菜单

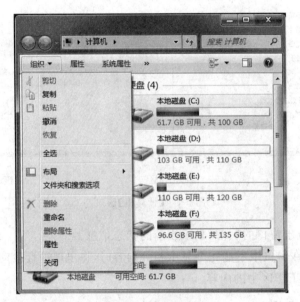

图 2-9　下拉菜单

表 2-1　菜单项说明

菜　单　项	说　　明
黑色字符	正常的菜单项,表示可以选取
灰色字符	无效的菜单项,表示当前不能选择该命令
名称后带"…"	选择此类菜单,会弹出相应的对话框,要求用户输入信息或改变设置
名称后带"▶"	表示级联菜单,当鼠标指针指向它时,会自动弹出下一级子菜单

续表

菜 单 项	说 明
分组线	菜单项之间的分隔线条,通常按功能进行分组显示
名称后带组合键	可以在不打开菜单的情况下,通过键盘直接按下组合键执行菜单命令
名称前带"●"	表示可选项,在分组菜单中,同时只可能有且必定有一个选项被选中,被选中的选项前带有"●"标记
名称前带"√"	复选项选中标记,该命令正在起作用;当菜单项前有此标记时,表示命令有效

7. Windows 7 对话框

在 Windows 7 操作系统中,对话框是用户和计算机进行交流的中间桥梁。用户通过对话框的提示和说明,可以进行进一步操作。

一般情况下,对话框中包含各种各样的选项,如图 2-10 所示,具体内容如下。

(1) 选项卡,多用于对一些比较复杂的对话框分页,实现页面之间的切换操作。

(2) 文本框,可以让用户输入和修改文本信息。

(3) 按钮,在对话框中用于执行某项命令,单击按钮可实现某项功能。

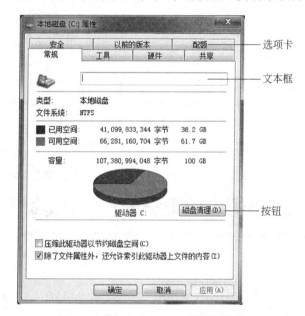

图 2-10 【本地磁盘(C:)属性】对话框

2.2 Windows 7 文件管理

计算机中的数据,如各类应用程序以及文档、图片、音频、视频等都是以文件的形式存放在磁盘、光盘、闪盘、网盘等存储器上,存储器就好像日常生活中的文件柜。相关的文件可以整理在一起保存在文件夹中,Windows 7 提供了【计算机】和【库】两个工具管理文件与文件夹,将会更加方便、快捷。

2.2.1　计算机

在 Windows 7 中,全新的【计算机】取代了以往的 Windows 操作系统中【我的电脑】的功能,它提供一种快速访问计算机资源的途径,用户可以像在网络上浏览 Web 一样实现对本地资源的管理。双击桌面上【计算机】图标将打开【计算机】窗口,可从中看到本机磁盘分区图标和一些相关信息,如图 2-11 所示。

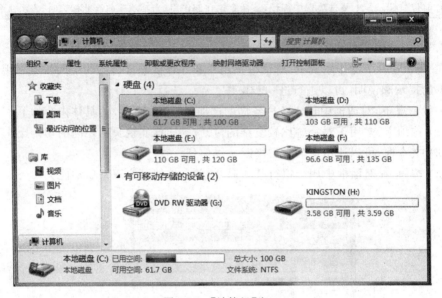

图 2-11　【计算机】窗口

双击本地磁盘分区图标,即可进入该分区。进入该分区后,若要浏览某个文件夹下的文件或文件夹,则双击该文件夹,由此方法可逐级打开文件夹浏览,如图 2-12 所示。

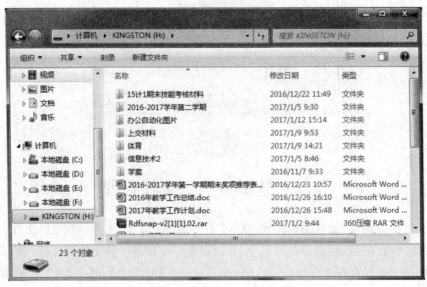

图 2-12　磁盘 H 中的文件

2.2.2　库

Windows 7 中，系统引入了一个库功能，如图 2-13 所示。库是一个强大的文件管理器。跟文件夹一样，在库中可以包含各种各样的子库与文件，等等，也可以对这些文件进行浏览、组织、管理和搜索。但是其本质上跟文件夹有很大的不同，在文件夹中保存的文件或者子文件夹，都是存储在同一个地方的，而在库中存储的文件则可以来自不同位置、不同分区甚至是家庭网络的不同计算机中的文件。

图 2-13　【库】窗口

库是个虚拟的概念，把文件（夹）收纳到库中并不是将文件真正复制到库这个位置，而是在库这个功能中登记了那些文件（夹）的位置并由 Windows 管理而已。因此，收纳到库中的内容除了它们自占用的硬盘空间之外，几乎不会再额外占用硬盘空间，并且删除库及其内容时，也不会影响那些真实的文件。

将文件保存到库的方法是执行【保存文件】命令时，会弹出【另存为】对话框，在对话框的左边，选择要保存到【库】项目下的类型，如图 2-14 所示。

将文件夹保存到库的方法是右击需保存的文件夹，在弹出的快捷菜单中执行【包含到库中】命令，从下拉菜单中选择相应的保存选项，如图 2-15 所示。

2.2.3　文件和文件夹的基本概念

1. 文件

文件是被命名的一组相关信息的集合。程序、数据或文字资料等都以文件的形式存放在计算机的存储器中，以文件名区分文件。文件全名由文件名和扩展名组成，其间用“.”连接，如图 2-16 所示。

图 2-14　将文件保存到库中

图 2-15　将文件夹保存到库中

图 2-16　文件图标

2. 文件夹

文件一般都存储在文件夹或子文件夹（文件夹中的文件夹）中。文件夹像一个文件容器，通常人们将具有相关信息的文件放在一个文件夹中。文件夹图标如图 2-17 所示。

 计划　　　　 我的视频　　　　图片收藏

图 2-17　文件夹图标

3. 文件和文件夹的命名

文件名由汉字、英文、数字等字符组成。一般文件名不超过 255 个字符（1 个汉字相当于 2 个字符），但最好不要使用很长的文件名。

文件名不区分大小写，可以使用多个分隔符，可以使用加号、方括号、空格等特殊字符，但不能使用斜线、反斜线、竖线、冒号、问号、双引号、星号、小于号、大于号等字符。

查找和显示文件名可以使用通配符"＊"和"?"。前者代表所有字符，后者代表一个字符。

在同一个文件夹中不能有同名文件或文件夹。

4. 文件类型

Windows 7 通过扩展名识别文件的类型。文件的扩展名决定了文件的类型，常见文件类型如表 2-2 所示。

表 2-2　常见文件类型

文件扩展名	描　　述	文件扩展名	描　　述
TXT	文本文档文件	EXE	可执行文件
COM	命令文件	BAT	批处理文件
BAK	备份文件	ZIP/RAR	压缩文件
BMP/JPG/GIF	图片文件	WAV/MP3	声音文件
SYS	系统文件	DOC/DOCX	Word 文件
XLS/XLSX	Excel 文件	PPT/PPTX	幻灯片文件

5. 文件路径

文件路径是指文件的存放位置。表示文件时需要指明其所处路径，如"成绩.txt"文件的完整表示为"D：\学生资料\学业成绩\成绩.txt"。

2.2.4　文件和文件夹的相关操作

1. 创建文件或文件夹

在 E 盘上新建"个人资料"文件夹的具体操作步骤如下。

第 1 步：打开【计算机】窗口，再打开 E 盘。右击空白区域，在弹出的快捷菜单中，执行【新建】/【文件夹】命令。

第 2 步：新建文件夹的默认名称为"新建文件夹"，输入文字"个人资料"，按 Enter 键或单击文件夹以外的任意空白区域。

2. 选择文件或文件夹

在 E 盘选择"工作计划"和"总结"两个文件夹的具体操作步骤如下。

第 1 步：打开【计算机】窗口，再打开 E 盘。

第 2 步：按住 Ctrl 键，分别单击"工作计划"和"总结"两个文件夹。

3. 复制文件或文件夹

将 D 盘下的"张家界风景.jpg"文件复制到 E 盘"相片"文件夹的具体操作步骤如下。

第 1 步：打开【计算机】窗口，再打开 D 盘。

第 2 步：单击 D 盘下的"张家界风景.jpg"文件，将其选择。

第 3 步：在菜单栏上选择【编辑】/【复制】选项，将选择的文件复制到剪贴板。

第 4 步：在【计算机】窗口打开 E 盘，并打开"相片"文件夹。

第 5 步：在菜单栏上选择【编辑】/【粘贴】选项，将剪贴板中的文件粘贴到"相片"文件夹中。

4. 移动文件或文件夹

将 D 盘下的"名单"文件夹移动到"E:\个人资料"中的具体操作步骤如下。

第 1 步：打开【计算机】窗口，再打开 D 盘。

第 2 步：选取"名单"文件夹。

第 3 步：在菜单栏上选择【编辑】/【剪切】选项，将选择的文件剪切到剪贴板。

第 4 步：在【计算机】窗口中打开 E 盘，并选取"个人资料"文件夹。

第 5 步：在菜单栏上选择【编辑】/【粘贴】选项，将剪贴板中的文件夹粘贴到"个人资料"文件中。

5. 更改文件或文件夹的名称

将"E:\个人资料"下的"音乐"文件夹改名为"天籁之音"的具体操作步骤如下。

第 1 步：打开【计算机】窗口，再打开 E 盘。

第 2 步：在 E 盘中先打开"个人资料"，然后再单击"音乐"文件夹图标。

第 3 步：在菜单栏上选择【文件】/【重命名】选项，输入文字"天籁之音"后按 Enter 键。

6. 删除文件或文件夹

将"E:\个人资料\天籁之音"下的"1.mp3"文件删除的具体操作步骤如下。

第 1 步：打开【计算机】窗口，并打开 E 盘。

第 2 步：在 E 盘中先打开"个人资料"文件夹，后打开"天籁之音"文件夹，再单击选取"1.mp3"文件。

第 3 步：在菜单上选择【文件】/【删除】选项后，出现【确认文件删除】对话框，单击【是】按钮即可。

注：这样所删除的文件或文件夹没有真正删除，而是放在【回收站】中，还可以恢复。

7. 恢复删除的文件或文件夹

恢复第 6 步所删除的"1.mp3"文件的具体操作步骤如下。

第 1 步：打开【回收站】窗口中，选择"1.mp3"文件。

第 2 步：右击"1.mp3"文件的图标，在弹出的快捷菜单上执行【还原】命令，就可以将被删除的文件还原到被删除时的位置了。

第 3 步：打开"E:\个人资料\天籁之音"文件夹，查看是否已还原"1.mp3"文件。

8. 彻底删除文件或文件夹

彻底删除"1.mp3"文件的具体操作步骤如下。

由于前面所删除的文件并没有被真正的删除，只是临时存放在【回收站】中，只有清空【回收站】，才能彻底地删除它。或者在删除文件、文件夹时按 Shift＋Delete 组合键，则出现【删除文件】对话框，单击【是】按钮后可以彻底删除。

第 1 步：打开【回收站】窗口，选择"1.mp3"文件。

第 2 步：右击"1.mp3"文件图标，在弹出的快捷菜单上执行【删除】命令，出现【删除文件】对话框，单击【是】按钮，就可以将文件彻底删除。

9. 查看及设置文件或文件夹的属性

将"E:\工作计划"文件夹中的"18 年工作计划.doc"文件的属性设为只读的具体操作步骤如下。

第 1 步：打开【计算机】窗口，并打开 E 盘。

第 2 步：在 E 盘中打开"工作计划"文件夹，选取"18 年工作计划.doc"文件。

第 3 步：右击该文件图标，在弹出的快捷菜单上执行【属性】命令，出现对话框，在对话框中选择【只读】选项，然后单击【确定】按钮。

10. 搜索文件或文件夹

用搜索工具查找文件名的第二个字符为"x"，且扩展名为"docx"的文件的具体操作步骤如下。

第 1 步：打开【计算机】窗口，单击工具栏上的【搜索】框或按 Win＋F 组合键。

第 2 步：在【搜索】框中输入"? x＊.doc"。

第 3 步：【计算机】窗口中便会出现符合条件的文档。

2.3　Windows 7 的管理

控制面板是用来进行系统设置和设备管理的工具集合，利用它可以对计算机的软件、硬件以及 Windows 7 自身进行设置，如用户可以根据自己的需求，对系统外观、语言和时间进行设置，可以添加和删除程序等。

2.3.1　控制面板

要快速打造与众不同的计算机工作环境，可以通过设置控制面板的相关项目实现。单击【开始】菜单，选择右侧的【控制面板】命令，即可打开控制面板。控制面板的查看方式有"类别""大图标""小图标"3 种。以小图标查看时，可以显示所有控制面板项，从中很轻松地找到需要使用的功能，如图 2-18 所示。

图 2-18 【控制面板】窗口

2.3.2 桌面的基本设置

1. 桌面的个性化

一个漂亮的桌面不仅可以让人赏心悦目,在一定程度上还可以提高学习和工作效率,极大地方便了我们的生活。Windows 7 给我们提供了方便、快捷的个性化桌面设置。在控制面板上单击【个性化】命令,或在桌面右击,执行【个性化】命令,打开【个性化】对话框,如图 2-19 所示。

图 2-19 【个性化】对话框

Windows 7 为我们提供了一些带有 Aero 特效的主题。单击各种主题图标,可以快速改变桌面外观。我们还可以联机获取更多主题。假如对提供或下载的主题不满意,可以单击对话框下方的【桌面背景】【窗口颜色】【声音】【屏幕保护程序】等选项进行更深入的调整。

不同的人对计算机的显示有不同的要求,单击对话框左下角的【显示】按钮,可以调整显示器的分辨率和颜色。分辨率越高,可显示的内容就越多。最佳分辨率是通过显示的比例设置相对应的分辨率,如图 2-20 所示。

图 2-20　【显示】对话框

2. 桌面小工具

与以往的操作系统相比,Windows 7 操作系统内多了一些实用的小工具,安装快捷且方便使用,可以用它查询天气、日期、导航、看电影……不仅美化桌面,更便捷了平常的生活。Windows 7 默认并不开启小工具,需要手动操作。单击控制面板上的【桌面小工具】选项,打开如图 2-21 所示对话框即可选择所需小工具。对话框每页显示 18 个工具,工具多了,可以通过右上方的搜索框快速找到已经添加好的项目。

3. 调整时间和日期

执行控制面板上的【日期和时间】命令,打开如图 2-22 所示对话框,在【日期和时间】对话框中不仅可以设置日期和时间、时区,同时引入了 Internet 时间同步功能,当你的计算机与 Internet 保持连续连接时,计算机时钟每周就会和 Internet 时间服务器进行一次同步,以确保系统时间的准确性。

图 2-21 【桌面小工具】对话框

图 2-22 【日期和时间】对话框

4. 操作调整任务栏和开始菜单

如果 Windows 7 操作系统默认的任务栏不适合自己的使用习惯,可对任务栏进行一些设置。选择控制面板上的【任务栏和「开始」菜单属性】命令或者在桌面任务栏上右击,选择【属性】命令,打开如图 2-23 所示对话框。

图 2-23　【任务栏和「开始」菜单属性】对话框

（1）设置任务栏。

① 锁定任务栏：将任务栏锁定在桌面当前位置，同时还锁定显示在任务栏上任意工具栏的大小和位置。

② 自动隐藏任务栏：选择此复选框，任务栏隐藏，在屏幕边缘只显示一条细线。当鼠标接触这条细线，任务栏恢复显示；当鼠标移开时，任务栏消失。

③ 使用小图标：选择此复选框，任务栏上的图标会缩小显示，可以显示更多的应用程序按钮。

④ 屏幕上的任务栏位置：Windows 7 操作系统除了保留通过拖曳任务栏调整任务栏在桌面上的位置外，还可以通过任务栏属性窗口选择底部、左侧、右侧、顶部等。

⑤ 任务栏按钮：当任务栏的应用程序非常多时，可以合并隐藏图标给任务栏留出更多空间。其有始终合并隐藏图标、当任务栏被占满时合并、从不合并 3 种样式。

⑥ 通知区域：Windows 7 操作系统默认有些程序图标不显示，比如 QQ 程序等，可以单击通知区域的【自定义】按钮，打开【通知区域图标】对话框进行设置。

（2）设置「开始」菜单。在此对话框中包括自定义按钮、开始菜单上的链接、图标以及菜单的外观和行为。

2.3.3　程序和功能

如果想要对计算机里的有些过时软件删除掉，可以选择控制面板上的【程序和功能】命令，打开如图 2-24 所示的【程序和功能】对话框，选中要删除的程序，单击【卸载】按钮，打开程序卸载向导，按卸载向导提示即可卸载程序。

当对话框中显示的程序太多时，可以在右上角的搜索框中输入要删除的程序名称关键词，可快速找到要删除的程序。

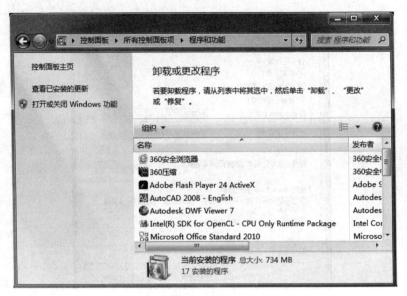

图 2-24 【程序和功能】对话框

2.4 中英文输入

在数字信息时代的今天,规范、高效的中英文输入是我们工作、学习和生活的重要基础,是社会中每个人的一项基本技能,也是一个人工作和交际的门面,学好中英文输入可以提高我们工作、学习和生活的效率。

2.4.1 鼠标和键盘的操作

Windows 7 支持鼠标和键盘等操作方式,但基本上以鼠标操作为主,键盘操作主要是用于一些命令的快捷操作及数据输入,或在鼠标不能正常工作时替代为鼠标进行命令操作。

1.鼠标操作

鼠标是计算机中最常用的一种辅助输入设备,如图 2-25 所示。Windows 7 中绝大多数操作都是用鼠标完成的。鼠标的移动会引起屏幕上光标的移动,这个光标叫鼠标指针。一般鼠标上有两个按键和一个滚轮,左边称为左键,右边称为右键,中间的滚轮可以完成翻页等操作。鼠标的操作主要有以下几种。

(1)指向,即将鼠标指针移到某一对象上,一般可用于激活对象或显示工具提示信息。

图 2-25 鼠标

(2)单击(左键单击),指快速按下和松开鼠标左键,用于选择某个对象或者某个选项、按钮等。以下如无特别说明,凡是"单击""击选"或"选择"均指左击。

(3) 右击(右键单击),指快速按下和松开鼠标右键,通常会弹出对象的快捷菜单或帮助提示。

(4) 双击,指连续两次快速左击,用于启动程序或者打开窗口。

(5) 拖动,即单击某个对象,按住鼠标左键(左拖)或按住鼠标右键(右拖),移动鼠标,在另一位置松开按键。常用于滚动条、标尺滑块操作或复制、移动对象等操作。

2. 键盘的分区

键盘是计算机常用的输入设备。目前,常用的键盘有 104 键、107 键的标准键盘。为了便于记忆,按照功能的不同,我们把键盘划分成主键盘区、编辑键区、功能键区、辅助键区(又称数字键区)和状态指示灯区五个区域,如图 2-26 所示。

图 2-26　键盘

(1) 主键盘区。主键盘区是我们平时最为常用的键区,通过它可实现各种文字和控制信息的输入。

(2) 编辑键区。该键区的键是起编辑控制作用的。

(3) 功能键区。键盘最上方一排,由 16 个键组成。其中 F1～F12 有 12 个键,这组键通常由系统程序或应用软件来定义其控制功能。

(4) 辅助键区(又称数字键区)。主要为了输入数据方便。

(5) 状态指示灯区。显示键盘的状态由键盘上对应的键控制。

3. 键盘操作

键盘操作可以分为输入操作与命令操作。输入操作就是输入数据信息,如文字、数字及各种符号等,当在屏幕上有光标闪烁时,说明处于输入状态,可直接进行输入操作。命令操作是指通过特定的键或几个键组合表示和执行一个命令,这些键被称为快捷键,在 Windows 中有很多快捷键,合理使用它们能提高操作效率。表 2-3 所示是一些常用快捷键。

键盘上一些常用键的使用方法如下。

(1) Enter:回车键,表示开始执行命令或结束一个输入行。

(2) Spacebar:空格键,位于键盘中下方的长条键,无字符,用来输入空格。

(3) Backspace:退格键,删除光标前一个字符。

(4) Delete 或 Del:删除键,删除光标后一个字符。

表 2-3　常用快捷键

分类	快捷键	功能
窗口操作	Alt＋Tab	在当前打开的各窗口之间进行切换
	Alt＋Space	打开当前窗口的系统菜单
	Print Screen	复制当前屏幕图像到剪贴板
	Alt＋Print Screen	复制当前窗口对话框或其他对象到剪贴板
	Alt＋F4	关闭当前窗口对话框或退出程序
	F1	显示被选中对象的帮助信息
选中对象操作	Ctrl＋A	选中所有显示对象
	Ctrl＋X	剪切
	Ctrl＋C	复制
	Ctrl＋V	粘贴
	Ctrl＋Z	撤销
	Del/Delete	删除选中的对象
	Shift＋Delete	永久删除所选项,而不将它放到"回收站"中
Win 键	Win＋F1	打开 Windows 的帮助文件
	Win＋F	打开 Windows 的查找文件窗口
	Win＋E	打开 Windows 的资源管理器
	Win＋M	最小化所有打开的 Windows 的窗口
	Win＋Shift＋M	恢复所有最小化的 Windows 的窗口
	Win/U/U	直接关闭计算机
	Win＋Ctrl＋F	直接打开 Windows 查找计算机窗口
	Win＋D	快速显示/隐藏桌面
	Win＋R	打开运行对话框,重新开始一个 Windows 任务
	Win＋L	在 Windows 中快速锁定计算机

（5）Ctrl：控制键,不单独使用,常与其他键组合成复合控制键。如 Ctrl＋Alt＋Del 组合键表示三键同时按下,可以重启计算机。

（6）Alt：切换键,不单独使用,常与其他键组合成特殊功能键或复合控制键。

（7）Shift：换挡键,有三种功能,即对于有上下两个字符的按键,按下此键不放并单击数字键,可以输入该键上部的字符（上挡字符）；对于字母键,按下此键不放并单击字母键可以进行大小写字母的转换；还可与其他键组合成复合控制键。

（8）Tab：制表键,一般情况按下此键可使光标移动 8 字符的位置或下一个制表位。

（9）Caps Lock：实现大小写字母的转换,若指示灯亮为大写状态,此时不能输入中文。

（10）Num Lock：实现小键盘的数字与编辑状态的转换,若对应的指示灯亮则可输入小键盘上的对应数字,这对经常进行数字输入的操作人员非常方便。

（11）Home：将光标移至光标所在的行首（第一个字符）。

（12）End：将光标移至光标所在的行尾（最后一个字符）。

（13）Page Up(PgUp)：屏幕上翻一页。

（14）Page Down(PgDn)：屏幕下翻一页。

（15）Insert(Ins)：插入/改写状态的转换键，在插入状态下，输入的字符插在光标闪；在改写状态下，输入的字符覆盖光标所在的字符。

（16）Print Screen：屏幕硬复制键，可复制整个屏幕（桌面）。Alt＋Print Screen 组合键可复制当前活动窗口。

（17）Scroll Lock：实现滚屏锁定的状态转换。若指示灯亮为滚屏状态。

（18）Pause(Break)：暂停键，可暂停滚屏或程序的执行。

（19）"←""→""↑"和"↓"：是左、右、上和下光标移动键。

2.4.2 中文输入法

使用键盘输入汉字必须使用中文输入法，常用的中文输入法有全拼、搜狗拼音、五笔字形等。但在默认情况下，刚进入系统时出现的是英文输入状态，如果要进入中文输入状态，则需要在语言栏中选择对应的输入方法。方法：单击任务栏右端标有 的输入法图标按钮，出现输入法菜单；再单击选择输入法，任务栏上的输入法图标就会变为选定的输入法图标，可以输入汉字。

1. Windows 自带输入法的添加

Windows 自带有多种输入法，如需使用可进行添加。右击任务栏中办公设备法图标，在弹出的菜单中选择【设置】命令，打开【文本服务和输入语言】对话框，如图 2-27 所示。

图 2-27 【文本服务和输入语言】对话框

2. 安装其他输入法

现在很多人使用五笔字形输入法或搜狗拼音输入法等中文输入法，这需要另行安装相应的软件。第三方输入法的安装过程比较简单,一般只需保持默认设置,按照【安装向导】提示一步一步往下执行即可。

3. 切换输入法

输入字符的过程中,常常在英文输入状态和中文输入状态之间进行切换。可以使用鼠标选择输入法,也可以使用键盘选择输入法。实践中常利用键盘的快捷键切换输入法,以提高工作效率。系统默认的快捷键如下。

Ctrl+Shift 组合键,在各种输入法之间进行切换。

Ctrl+Space 组合键,在中英文输入法之间进行切换。

4. 输入法状态

选择一种中文输入法后,屏幕底部的左端会出现输入法状态栏,如图 2-28 所示。

（1）中英文切换。单击中英文切换按钮或按大小写转换键 Caps Lock,图标将变为“A”,此时为英文大写输入状态;再单击该按钮,又将重新切换为汉字输入状态。

图 2-28　输入法状态栏

（2）半角/全角切换。单击【半角/全角切换】按钮或按 Shift+Space 组合键,可以切换全角与半角状态。半角状态输入的英文字符和数字是汉字宽度的一半,而全角状态下,输入的所有字符和数字与汉字等宽。

（3）中英文标点切换。汉字输入状态下,默认输入的标点是汉字标点,单击【中英文标点切换】按钮,输入的标点将是英文标点,也可按 Ctrl+ · 组合键切换中英文标点的输入。

（4）软件盘。软件盘主要用于输入某类符号或字符,共有 13 种,如希腊字母、标点、符号、数字符号等。

2.5　上机实训

（1）在桌面上为 Windows 7 的画图应用程序创建一个快捷图标,然后将其重命名为“画笔”,再从桌面上双击该图标直接启动画笔应用程序。

（2）在桌面上创建一个名为“练习”的文件夹图标,将上题中的“画笔”快捷图标用拖放的方法移入其中。

（3）在 D 盘根目录下创建一个名为“AA”的文件夹,分别用拖放和复制、粘贴的方法将其他文件夹中的一些文件复制到“AA”文件夹中。

（4）打开“AA”文件夹,分别选定几个连续和不连续的文件进行删除操作,然后再把“AA”文件夹改名为“BB”,最后删除“BB”文件夹。

（5）利用计算机的【个性化】窗口,将你的生活照或从网上下载的一张你喜欢的图片设置为计算机桌面壁纸。

（6）用 Windows 7 操作系统附件中的【画图】程序,自己设计绘制一幅图画并保存为文件名“我的图画作品”。

（7）用 Windows 7 操作系统附件中的【记事本】程序,输入以下英文并保存为文件名

"英文输入练习"。

Man's dearest possession is life，and it is given to him to live but once. He must live so as to feel no torturing regrets for years without purpose，never know the burning shame of a mean and petty past—Ostorovsky.

Often success is depended on whether you can get up the courage to fight fear.

You have to believe in yourself. That's the secret of success.

What today will be like is up to me，I get to choose what kind of day I will have.

The road of life is like a large river，because of the power of the currents；river courses appear unexpectedly where there is no flowing water.

There will be no regret and sorrow if you fight with all your strength.

（8）用 Windows 7 操作系统附件中的【记事本】程序，输入本章"2.4.2 中文输入法"的内容，保存为文件名"中文输入练习"。

第 3 章

电子文档的制作与应用

　　Microsoft Office Word 2010 是 Microsoft Office 2010 的核心组件之一,是一款功能强大的文字处理软件。本章介绍的是应用 Word 2010 进行电子文档的制作与应用。

本章主要内容

- 文档编辑及设置;
- 表格的应用;
- 图文混排;
- 样式和模板。

能力培养目标

　　培养学生熟练掌握电子文档的文字及符号的输入与编辑,字符、段落和页面的排版,表格的输入、编辑与格式设置,图文混排和样式与模板的操作能力。

3.1　文档编辑及设置

3.1.1　任务导入及问题提出

任务1　编排"会议通知"

　　上海远东先锋科技有限公司,将召集各部门经理召开"关于武汉市珞狮路中学校园网工程投标会议",现要求拟定会议通知,达到如图3-1所示的效果。

任务2　编排一份"证明"

　　许多人在申请信用卡或者办理其他银行业务时,被要求由当事人单位出具经济收入证明,它是必不可少的证明材料。常用的收入证明可设计成如图3-2所示的效果。

上海远东先锋科技有限公司文件

远东先锋 [2016] 第 17 号

关于武汉市珞狮路中学校园网工程投标会议的通知

各部门经理：

　　公司已收到湖北省武汉市珞狮路中学校园网工程的招标函。为了能更好地完成这次投标任务，我们必须做好各项准备工作，研究分析可能存在的问题，并找到解决的办法。为此特召开各部门经理会议。

　　一、会议内容：做好湖北省武汉市珞狮路中学校园网工程投标的各项工作

　　二、参加人员：王致远、周为远、陈明明、杨莉、李丹青、吕伟、赵永

　　三、会议时间：2016 年 9 月 19 日，14:30

　　四、会议地点：总经理办公室

特此通知。

上海远东先锋科技有限公司

2016 年 9 月 18 日

图 3-1　"会议通知"效果图

个人收入证明

　　兹证明_____（先生 / 女士），系我单位职工，已连续在我单位工作_____年，学历为_____ ，职务为_____，该职工平均月收入为(税后)_____元人民币，(大写：_____万____仟____佰 _____拾元整)。

　　特此证明。

单位名称（盖章）：

_____年____月____日

图 3-2　"收入证明"效果图

任务 3　编排"数学论文"

　　李玲老师撰写的论文《关于化简三角函数式的两个问题》要在《中学数学》杂志社发表，杂志社要求按如图 3-3 所示效果进行排版。

问题与思考

- 如何启动 Word 2010？
- 如何进行 Word 2010 文档的基本操作？
- 如何进行文档的格式化？
- 如何进行页面设置？
- 如何为文档插入公式？

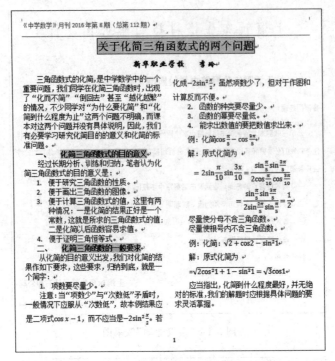

图 3-3　编排"数学论文"效果

3.1.2　知识点

1. Word 2010 文档的基本操作

1）认识 Word 2010 界面的对象

Word 2010 启动后进入窗口界面，其组成对象描述如图 3-4 所示。

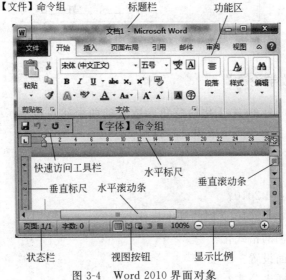

图 3-4　Word 2010 界面对象

2）新建文档

新建文档的方法如下。

方法 1：启动 Word 2010 时，系统自动建立一个空白文档。

方法 2：进入 Word 2010 界面后，执行【文件】/【新建】命令，在可用模板中选择【空白文档】选项，然后单击右边的【创建】按钮，即可建立一个新的 Word 文档。

3）打开文档

若需要重新编辑修改已经建立的文档，可以打开文档。打开文档的方法如下。

方法 1：双击要打开文档的图标或名称，可打开相应的文档。

方法 2：执行【文件】/【打开】命令，在弹出的【打开】对话框中先选择文档的位置，再选择要打开的文档后单击【打开】按钮。

方法 3：若要打开最近使用的文档，执行【文件】/【最近所用文件】命令，便可在弹出的菜单中选择所需文档单击即可，或者在右边的"最近的位置"中查找所需文档。

4）保存文档

新建的文档只是暂存于计算机的内存（RAM）中，文档未经保存就关闭，文档内容将会全部丢失。因此，必须将其保存到磁盘（外部存储器）上，才能达到永久保存目的。通常，保存文档可通过执行【文件】/【保存】或【另存为】命令实现。

第一次保存新建文档，使用【保存】或【另存为】命令时，都将弹出【另存为】对话框，要求设置文件保存位置、输入文件名和选择文件类型。

经过保存的或重新打开的文档，还可以执行【另存为】命令，在其他位置、以其他文件名或文件类型保存。

5）打印文档

单击【文件】菜单，在弹出的下拉列表中执行【打印】命令，将弹出如图 3-5 所示的【打

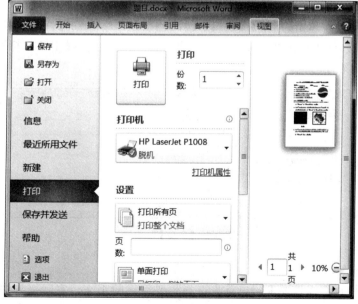

图 3-5　【打印】窗口

印】窗口,它由两部分组成:左边用于选择打印机型号、打印的份数、设置打印页面范围和页面设置等;右边显示打印预览状态,用户若对打印设置及预览效果满意,直接单击左边的【打印】按钮打印,否则可以再次单击【文件】菜单,关闭打印窗口。

6)关闭文档

当文档编辑完成后,需要退出文档编辑时,可以执行关闭文档操作。关闭文档的方法有很多种,可以执行【文件】/【退出】命令,也可以按 Alt+F4 组合键关闭当前窗口,还可以单击窗口右上角的【关闭】按钮。

2. 文档的编辑

1)光标的定位

要准确地对资料文档的内容进行修改,首先应学会光标的定位和文本的选择。因为在 Word 中进行编辑时,经常需要移动光标定位图片或其他对象的插入点。

光标定位方法有以下几种。

(1)键盘定位。

- 用↑键、↓键:上移、下移一行;用←键、→键:左移、右移一个字符。
- 按 Home 键:光标定在行首;按 End 键:光标定在行末。
- Ctrl+Home 组合键:光标迅速定位在文档的开始。
- Ctrl+End 组合键:光标迅速定位在文档的末尾。
- Page Up 键:向上翻一页;Page Down 键:向下翻一页。

(2)鼠标定位。

- 直接用"I"形鼠标指针单击目标位置定位。
- 用垂直滚动条迅速找到目标定位。
- 用垂直滚动条下端的【前一页】按钮、【选择浏览对象】按钮、【下一页】按钮定位。

(3)菜单定位。单击【开始】/【编辑】/【替换】按钮,在弹出的【查找和替换】对话框中单击【定位】标签,弹出如图 3-6 所示的【定位】选项卡,通过选择【定位目标】选项,从而快速定位在某页、某行、某书签等。

图 3-6 【定位】选项卡

2)选择操作

Word 中的许多操作要求用户首先选择想要编辑的正文。实际操作中,可以用鼠标或键盘选择文本。具体方式如下。

- 选择全文方法：在任一段落左边的空白处快速地三击或按下 Ctrl＋A 组合键。
- 选择某一段：在该段落左边的空白处，快速地双击鼠标；或者在该段的任意地方快速地三击鼠标。
- 选择某一行：在该行左边的空白处单击鼠标。
- 选择词组：在要选定的词组文本中间双击鼠标。
- 选择不连续的文本：在选定了第一个连续文本后，按下 Ctrl 键，然后继续进行文本的选定，如图 3-7 所示。

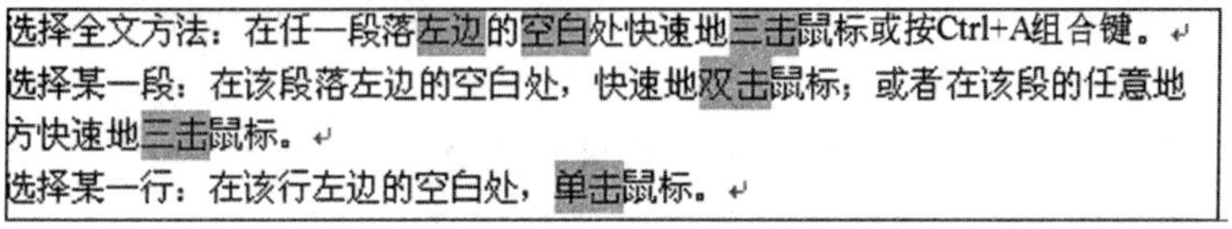
选择全文方法：在任一段落左边的空白处快速地三击鼠标或按Ctrl+A组合键。
选择某一段：在该段落左边的空白处，快速地双击鼠标；或者在该段的任意地方快速地三击鼠标。
选择某一行：在该行左边的空白处，单击鼠标。

图 3-7　选择不连续的文本

- 选择矩形块文本：先将光标定位在要选中矩形块文本位置的左上角(注意不要单击)，按 Alt 键，然后拖动光标到合适位置，如图 3-8 所示。

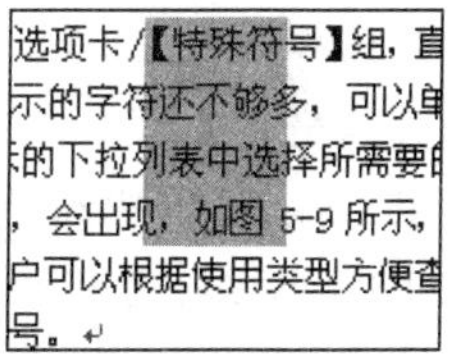
选项卡/【特殊符号】组，直
示的字符还不够多，可以单
的下拉列表中选择所需要的
，会出现，如图 5-9 所示，
户可以根据使用类型方便查
号。

图 3-8　选择矩形块文本

3）删除操作

- 键盘方法：选中需要删除的文本，按 Delete 键；或将光标移动到要删除文本的后端，按 Backspace 键。
- 按钮方法：先选中需要删除的文本，单击【剪切】按钮，则可删除所选文本。
- 输入新文本覆盖：将光标插入欲删除的文本前端，按 Insert 键，使状态栏设置为【改写】状态后，直接输入新的文本，既删除了所选文本，又在所选文本处插入了新内容。

4）复制与粘贴

- 按钮方法：选中文本，然后执行【剪贴板】命令组中的【复制】命令，先将内容复制到【剪贴板】上，再将光标移至新位置，执行【剪贴板】命令组中的【粘贴】命令，所选文本就被复制到新位置。
- 快捷键方法：选取文本后，按 Ctrl＋C 组合键复制，会将内容复制到【剪贴板】上，再移动光标到新的位置，按 Ctrl＋V 组合键粘贴，所选文本即被插入新位置。
- 鼠标拖曳方法：选取文本后，按住 Ctrl 键不放，然后单击鼠标并将所选文本拖曳到新的位置，释放鼠标，则文本被复制。

5）移动

移动文本与复制文本的主要区别在于移动文本后，原来的文本被删除。移动文本的方法如下。

- 按钮方法：选中文本，然后执行【剪贴板】命令组中的【剪切】命令，将内容复制到【剪贴板】上，再将光标移至新位置，单击【剪贴板】命令组中的【粘贴】命令，所选文本就被移到位置。
- 快捷键方法：选取文本后，按 Ctrl＋X 组合键剪切，将内容剪切到【剪贴板】上，接着移动光标到新的位置，按 Ctrl＋V 组合键粘贴，则所选文本即被移动到新位置。

- 鼠标拖曳方法：先选择文本，然后按住鼠标左键并拖曳到新的位置，释放鼠标则文本被移动。

6）撤销与重复

在编辑过程中出现误操作，可以用【快速访问工具栏】中的【撤销清除】按钮 ↶ 撤销操作，单击一次 ↶ 按钮可以撤销上一次操作，完成一次撤销后，还可以继续执行撤销操作，如此继续，逐级向前撤销所做的编辑操作。Office 2010 还提供了【多级撤销】功能。单击 ↶ 按钮旁边的 ▾ 按钮，将弹出下拉列表，向下移动右侧滑块并选择要撤销的操作，可以向前一直撤销到所选择的操作。

注：多级撤销功能可以撤销几乎所有的编辑操作，但存盘或删除文件的操作不可以撤销。当执行了撤销操作后，【快速访问工具栏】中的【重复】按钮有效，可单击 ↷ 按钮将撤销的操作重新恢复。另外，也可用 Ctrl＋Z 组合键和 Ctrl＋Y 组合键完成【撤销】与【重复】操作。

7）查找和替换

查找和替换是 Word 的一个重要功能，常常用于对特定正文的查找和替换。查找的对象可以是任意组合的字符，包括大小写字符，全角或半角字符和带有格式的文本。

（1）启动【查找和替换】对话框。

方法 1：单击【开始】/【编辑】/【替换】按钮，出现【查找和替换】对话框，如图 3-9 所示。

图 3-9 【查找和替换】对话框

方法 2：单击垂直滚动条下端的【选择浏览对象】 ○ 按钮，在弹出如图 3-10 所示的【选择浏览对象】窗口选择【查找】按钮 🔍，将弹出【查找和替换】对话框。

图 3-10 【选择浏览对象】窗口

在【查找内容】文本框中，输入要查找的正文。有时，为了更准确地查找，单击【更多】按钮，将弹出更多的【搜索选项】供用户选择。

（2）查找替换的操作步骤。下面以选定文本范围内的错误文本"剪贴版"替换为正确的红色字体"剪贴板"为例进行说明查找替换操作。

第 1 步：选择要查找替换的文本范围，如图 3-11 所示。

第 2 步：打开【查找和替换】对话框中的【替换】选项卡，然后在弹出的【替换】对话框的【查找内容】文本框中，输入要查找的正文"剪贴版"，在【替换为】文本框中输入要替换的

3. 剪贴版
剪贴版是 Windows 程序提供的临时保存位置。Word 的剪贴版能存放复制内容，用户可以有选择地粘贴文本或图片等，单击【开始】选项卡/【剪贴版】组中的 　所示，将弹出【剪贴版】对话框，如图 5-13 所示。

图 3-11　选择要查找替换文本

内容"剪贴板"，注意，插入点仍要停留在【替换为】文本框中，并单击【格式】按钮，在弹出的下拉列表中选择【字体】选项，在弹出的【替换字体】对话框中设置【字体颜色】为"红色"，设置后的【查找和替换】对话框如图 3-12 所示。

图 3-12　设置后的【查找和替换】对话框

第 3 步：单击【全部替换】按钮，随后，在弹出的提示窗口中单击【是】按钮，则所选范围的"剪贴版"全部替换为红色字体的"剪贴板"，效果如图 3-13 所示。

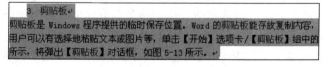

3. 剪贴板
剪贴板是 Windows 程序提供的临时保存位置。Word 的剪贴板能存放复制内容，用户可以有选择地粘贴文本或图片等，单击【开始】选项卡/【剪贴板】组中的 　所示，将弹出【剪贴板】对话框，如图 5-13 所示。

图 3-13　执行【查找和替换】后的效果

3. 文档的格式化

1）字符格式化
字符格式化是指改变文档中字符的外观，例如，把字符变粗、字体改变颜色等。文档字符格式化，主要有两种操作：一种是先选择正文，再设置格式化命令，此时，格式化命令只影响所选择的正文；另一种是格式化新输入的正文，即先定位插入点，再设置格式化命令，此时，这些格式化命令只影响后面输入的正文。
　　要设置字符格式时，如果是设置常用格式，例如，设置字符边框、字符底纹等，可在功能区中执行【开始】/【字体】命令组中的命令,如图 3-14 所示;若要设置更多的字体格式,主要是执行【字体】对话框中的各项命令,如图 3-15 所示。

图 3-14　功能区中的【字体】命令组　　　　图 3-15　【字体】对话框

打开【字体】对话框的方法有以下几种。

方法 1:单击【开始】/【字体】命令组中的【对话框启动器】按钮 。

方法 2:在文档中右击,选择快捷菜单中的【字体】选项。

在【字体】对话框中有【字体】选项卡和【高级】选项卡,前者主要用于对中英文的字体、字号、字体颜色、下划线、下划线颜色及其特殊效果等进行设置;后者主要用于对字符之间的距离或字体的 OpenType 功能设置。

2) 段落格式化

(1)【段落】对话框。段落格式化即应用于两个段落标记之间文字的格式命令。打开如图 3-16 所示的【段落】对话框与打开【字体】对话框的方法类似,在此不再赘述。

【段落】对话框包括三个选项卡。【缩进和间距】选项卡主要用于设置段落的缩进和间距,例如,设置首行缩进、行距等。【换行和分页】选项卡主要用于控制段落在页面上的分页编排或进行断字检查,例如,选中【孤行控制】复选框,可避免将段落的最后一行打印到下一页,或将段落的第一行打印在整页的最后一行。【中文版式】选项卡主要用于控制中文与西文、数字的各种版式,例如,选中【允许行首标点压缩】复选框,表示当第一列出现全角的标点字符时,此标点符号被压缩成只占用一个字符位置。

(2) 首字下沉。首字下沉是将文章中段落的第一个字符放大数倍,这种排版方式经常可以在文学书籍、报纸、杂志等出版物中见到。Word 中提供了【下沉】和【悬挂】两种首字下沉的形式供选择。具体操作是先把插入点放在要产生首字下沉的段落中,再单击【插入】/【文本】/【首字下沉】按钮,如图 3-17 所示,并从下拉列表中选择下沉形式。

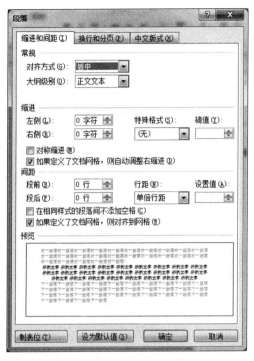

图 3-16　【段落】对话框　　　　　　图 3-17　【首字下沉】下拉列表

（3）编号与项目列表。在 Word 文档编辑排版时，有时会遇到对某些部分内容进行有序排列，或者对具有相关主题但没有顺序之分的内容进行排列操作。此时，使用编号或项目符号列表功能，效果更佳，如图 3-18 所示。

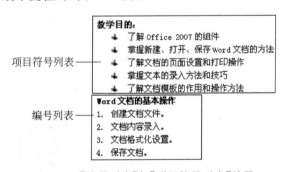

图 3-18　【编号列表】与【项目符号列表】效果

建立编号列表有以下三种方法。

方法 1：直接在文档新段落中输入数字，后面加上")"". "或"、"之后输入内容，按 Enter 键结束输入，则后面的内容自动编号。

方法 2：选择【段落】组中的【编号】选项。

方法 3：在要建立编号的位置，右击，从弹出的快捷菜单中选择【编号】选项，在弹出的编号列表中选择类型。

项目符号主要在如图 3-19 所示的【项目符号】下拉列表中建立。打开【项目符号】下拉列表的方法有以下两种。

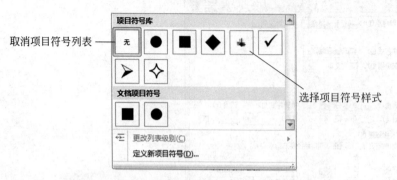

取消项目符号列表

选择项目符号样式

图 3-19 【项目符号】下拉列表

方法 1：使用【段落】组中的【项目符号】选项。

方法 2：在要建立编号的位置右击，从弹出的快捷菜单中选择【项目符号】选项。

此外，若在文档段落中使用了【项目符号】功能，按 Enter 键换段后，则在后面的段落自动产生项目符号。

3）页面格式化

（1）分栏。Word 提供了编排多栏文档的功能。进行分栏操作时，首先应确定进行分栏的文档范围。若要对选定的文字进行分栏，应先选取这些文字。若要对整篇文档进行分栏，可不选取文档。执行分栏操作最快捷的方法是单击【页面布局】/【页面设置】/【分栏】按钮，从下拉列表中选择需要的栏数，如果下拉菜单中所提供的分栏不能满足要求，可单击【分栏】下拉列表中的【更多分栏】按钮，在【分栏】对话框中进一步设置，例如，定义更多栏数、栏宽、分隔线等，如图 3-20 所示。

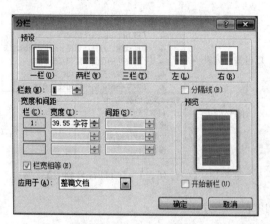

图 3-20 【分栏】对话框

（2）页眉和页脚。页眉和页脚是文档中每个页面的顶部、底部和两侧页边距区域。可以在页眉和页脚中插入或更改文本和图形。例如，可以添加页码、时间和日期、公司徽标、文档标题、文件名或作者姓名。

注：页边距是页面上打印区域之外的空白空间。

- 页眉和页脚工具。在处理文档过程中，如果双击页面顶端或底部，或者执行【插入】/【页眉和页脚】/【页眉】（或【页脚】）下拉列表中的【编辑页眉】命令（或【编辑页脚】命令），将在界面上出现如图 3-21 所示的【页眉和页脚工具】的【设计】选项卡。创建和编辑页眉与页脚主要执行【页眉和页脚工具】/【设计】选项卡中的命令。

图 3-21　【页眉和页脚工具】的【设计】选项卡

- 插入页眉和页脚。当页眉和页脚处于编辑状态时，正文工作区以灰色显示，而在文档的页眉处出现标识 页眉 的一条线，并且光标位于页眉中间，在此，用户可输入页眉的内容，例如，输入文档标题，或单击【图片】按钮插入公司徽标，或单击【日期和时间】按钮插入日期、时间等。当然，也可以直接插入 Word 内置的页眉。输入完页眉的内容，单击【导航】命令组中的【转到页脚】命令，切换到页脚区，按照刚才编辑页眉的同样方法完成页脚的内容。当页眉页脚编辑完后，单击【关闭页眉和页脚】按钮 返回页面视图，继续编辑正文。

注：单击【页眉和页脚】命令组中的【页眉】或【页脚】按钮，将弹出页眉或页脚内置的库列表。

- 为奇偶页设置不同的页眉或页脚。根据实际需要，可能在奇数页上使用文档标题，而在偶数页上使用章节标题，这样就要对奇偶页使用不同的页眉或页脚。方法是，在【设计】选项卡中，选中【奇偶页不同】复选框，或者打开【页面设置】对话框，选择【版式】选项卡，选中【页眉和页脚】栏下的【奇偶页不同】复选框，然后在奇偶页上输入不同的内容，即可实现奇偶页上不同的页眉或页脚效果。

- 删除首页中的页眉或页脚。

方法 1：打开【页面设置】对话框，选择【版式】选项卡，选中【页眉和页脚】栏下的【首页不同】复选框。

方法 2：在页眉和页脚工具的【版式】选项卡中，选中【首页不同】复选框。

- 更改页眉或页脚。

第 1 步：执行【插入】/【页眉和页脚】/【页眉】（或【页脚】）命令，弹出下拉列表。

第 2 步：执行【编辑页眉】或【编辑页脚】命令，在编辑状态下修改页眉和页脚。修改结果在整篇文档生效。

- 删除页眉或页脚。

单击文档中的任何位置，执行【插入】/【页眉和页脚】/【页眉】（或【页脚】）下拉列表中的【删除页眉】（或【删除页脚】）命令，则可把页眉或页脚从整个文档中删除。

（3）页面设置。文档在打印之前要进行页面设置。单击【页面布局】/【页面设置】命令组中的【对话框启动器】按钮，将打开如图 3-22 所示的【页面设置】对话框，它包括了四个选项卡。其中，【页边距】选项卡主要用于设置文字到页面边界的距离（即上、下、左、右边距）、有无装订位置、纸张方向及限制当前设置的"页面设置"应用范围；【纸张】选项卡主要用于设置打印的"纸张大小"和"纸张来源"；【版式】选项卡主要用于设置把不同的格式用于同一文档的不同部分或不同节、页眉和页脚距边界大小及奇偶页的页眉和页脚样式、页面顶端与页面底端文字的对齐方式、是否为页面设置行号、边框线等；【文档网格】选项卡主要用于设置页面文字排列方向、页面栏数、页面有无网格、确定每页行数和每行字数等。

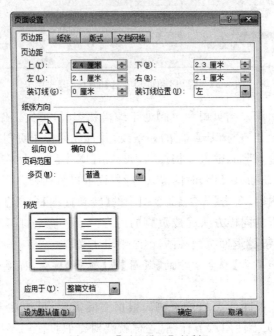

图 3-22　【页面设置】对话框

3.1.3　任务实施步骤

任务 1　实施编排"会议通知"

设计目标

- 掌握 Word 2010 的启动、创建 Word 文档的基本操作。
- 掌握常用文字格式化和段落格式化操作。

设计思路

- 启动 Word，在空白文档中输入文章内容。
- 设置文档格式并保存。

设计效果

"会议通知"以红头文件的形式展示，效果如图 3-1 所示。

操作步骤

第 1 步：执行【开始】/【所有程序】/Microsoft Office/Microsoft Office Word 2010 命

令，启动 Office 2010，即创建了一个新文档。

第 2 步：输入图 3-1 所示文字。

第 3 步：选择第 1 段内容，设置【字体】为“方正姚体”、【字号】为“小一”、【字体颜色】为“红色”，【段落】为“居中”。

第 4 步：选择第 2 段内容，设置【字体】为“新宋体”、【字号】为“小四”“加粗”、【字体颜色】为“红色”、【段落】为“居中”。

第 5 步：选择第 3 段内容，设置【字号】为“四号”“加粗”、【段落】为“居中”。

第 6 步：选择第 5～10 段内容，设置其段落的【首行缩进】值为“2 字符”，【行距】为“1.5 倍行距”。

第 7 步：选择第 11、12 段内容，设置【字号】为“小四”“加粗”、【段落】为“文本右对齐”。

第 8 步：按 Ctrl 键，用鼠标拖动的方法选择不连续区域文本，如图 3-23 所示，右击，在弹出的快捷菜单中选择【段落】选项，在【段落】对话框中单击【行距】下拉列表中的“最小值”按钮，同时在右边的文本框中输入【设置值】为“10.05 磅”，同时设置【段前】【段后】间距为“自动”。

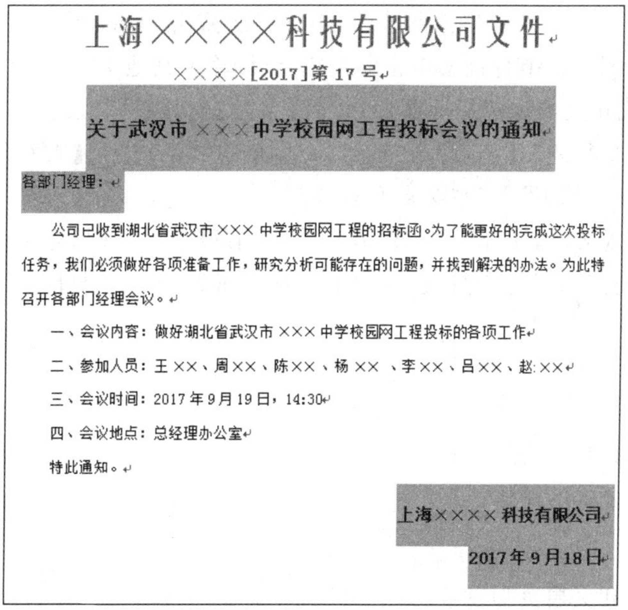
上海××××科技有限公司文件

××××[2017]第 17 号

关于武汉市 ××× 中学校园网工程投标会议的通知

各部门经理：

公司已收到湖北省武汉市 ××× 中学校园网工程的招标函。为了能更好的完成这次投标任务，我们必须做好各项准备工作，研究分析可能存在的问题，并找到解决的办法。为此特召开各部门经理会议。

一、会议内容：做好湖北省武汉市 ××× 中学校园网工程投标的各项工作

二、参加人员：王××、周××、陈××、杨××、李××、吕××、赵××

三、会议时间：2017 年 9 月 19 日，14:30

四、会议地点：总经理办公室

特此通知。

上海××××科技有限公司

2017 年 9 月 18 日

图 3-23　选择不连续文本

第 9 步：保存文档。执行【文件】/【保存】命令，弹出【另存为】对话框，在【保存位置】列表框中选择文档保存的位置，在【保存类型】下拉列表中选择“Word 文档”选项，在【文件名】文本框中输入“编排‘会议通知’”，单击【保存】按钮。

任务 2　实施编排一份“证明”

设计目标

- 掌握页面设置操作。

- 掌握普通打印操作。

设计思路

- 新建 Word 空白文档,页面设置。
- 输入文章内容,排版并打印。

设计效果

"证明"设计效果如图 3-2 所示。

操作步骤

第 1 步:新建一个 Word 2010 空白文档。

第 2 步:进行页面设置。先设置纸张:执行【页面布局】/【页面设置】/【纸张大小】命令,选择 B5(JIS)纸型;再设置页边距:执行【页面布局】/【页面设置】/【页边距】/【自定义边距】选项,在弹出的【页面设置】对话框中设置页边距上、下边距均为"3 厘米",左、右边距均为"2.5 厘米"。

第 3 步:输入图 3-2 所示的文字。其中的下划横线部分制作步骤:首先设置下划线功能,即按 Ctrl+U 组合键或单击 U 按钮,然后多次敲击 Space 键,产生带下划线的空字符串,接着再按 Ctrl+U 组合键或单击 U 按钮,继续输入其他文字。

第 4 步:格式化文本。选择标题段,设置【字号】为"二号""加粗";选择所有正文段,设置【行距】为"单倍行距",【字号】为"四号";选择正文第 1、2 段【首行缩进】设置为"2 字符",选择正文第 3、4 段,设置为"文本右对齐"。

第 5 步:单击【文件】/【打印】按钮,调整右下角的【显示比例】滑块,预览整体效果,如果效果满意,单击左栏的【打印】按钮，,"个人收入证明"便成功打印。

任务 3 实施编排"数学论文"

设计目标

- 掌握页眉页脚、分栏等操作。
- 掌握插入公式的操作。

设计思路

- 进行页面和页眉页脚设置。
- 输入文本和公式。
- 排版、分栏,保存。

设计效果

"数学论文"设计效果如图 3-3 所示。

操作步骤

第 1 步:新建一个 Word 空白文档,设置【纸张大小】为"16 开(18.4 厘米×26 厘米)",【页边距】文本框中【装订线】大小,如图 3-24 所示。

第 2 步:双击文档顶端,进入页眉页脚设计状态,在插入点中输入"《中学数学》月刊

图 3-24　页边距设置

2016 年第 8 期(总第 112 期)"字样,再单击【文本左对齐】按钮 ▤,页眉区效果如图 3-25 所示。

图 3-25　页眉区效果

第 3 步:执行【页眉页脚工具】/【设计】/【导航】命令组中的【转至页脚】按钮 ▤,进入页脚设计,执行【页眉页脚】功能区中的【页码】/【页面底端】/【普通数字 2】选项,则在页脚区中部插入页码。

第 4 步:单击【关闭页眉和页脚】按钮 ▨,返回页面视图,继续编辑正文。

第 5 步:设置段落【首行缩进】为"2 字符",然后输入文章的全部内容。

注:在输入过程中,需要输入较多公式,此时,应利用 Word 中的方程编辑器插入公式。具体操作是:先把光标定在需插入公式的位置,单击【插入】/【符号】/【公式】按钮,弹出方程式编辑器下拉菜单,里面有一些内置的公式,如果内置的公式与要输入的公式相似,可选中套用之,然后再修改公式中的参数;如果内置公式用不了,就点下拉菜单最下方的【插入新公式】命令,在文档中自行输入公式内容。下面以文章中出现的如图 3-26 所示公式为例讲授编写公式的步骤如下。

$$= \frac{\sin\frac{\pi}{5}\sin\frac{3\pi}{5}}{2\sin\frac{2\pi}{5}\sin\frac{\pi}{5}} = \frac{1}{2}$$

图 3-26　"公式"样例

① 单击【插入】/【符号】/【公式】命令中下拉列表中的【插入新公式】选项。

② 当文档中显示"在此处输入公式"编辑框,同时功能区上出现【公式工具】/【设计】选项卡,其中包含了大量的数学公式结构和数学符号,如图 3-27 所示。

③ 单击【符号】命令组中的等于号按钮 ▤,接着单击【结构】/【分数】$\frac{x}{y}$ 下拉列表中的

【分数竖式】按钮 ▤,则在【公式编辑框】出现两个占位符(公式占位符指公式中的小虚框),然后根据公式的整体样式设计出各个占位符的位置,如图 3-28 所示,最后在对应的占位符内逐个单击(此公式中共有 10 个占位符),并输入所需的数字、符号或函数,即可完成整个公式的编辑。

注:用户只要在文档文本区单击,便可退出公式编辑;若要重新修改公式,先单击【公式编辑框】后输入内容即可。另外,在 Word 2010 兼容模式下新建或打开文档时,"公式"按钮将是灰色的,此时你将无法使用公式编辑器,建议执行【文件】/【另存为】命令,将文档转换为.docx 格式,这样就能使用公式编辑器了。

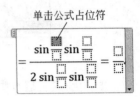

图 3-27　在文档中插入公式后的界面　　　　　图 3-28　设置公式整体占位符位置

第 6 步：选择标题段的内容，设置【字体】为"华文宋体"、【字号】为"小二""加粗""字符底纹""字符方框"、【段落】为"居中"。

第 7 步：选择第 2 段的内容，设置【字体】为"华文行楷"、【字号】为"四号""加粗"、【段落】为"居中"。

第 8 步：选择其他段落内容（注意：不要选中最后一段的段落标记符"↵"），单击【页面布局】/【页面设置】/【分栏】命令下拉列表中的【两栏】按钮，设置【字号】为"小四"。

第 9 步：选择正文中第 2 段和第 8 段，设置"加粗"和"字符底纹"格式，执行【段落】/【编号】命令，选择其下一级菜单中的 ⊞ 按钮，为其设置编号。

第 10 步：选择正文中第 4～7 段，执行【段落】/【编号】命令，选择其下一级菜单中的 ⊞ 按钮，为其设置编号。

第 11 步：同理，为正文中第 10 段、第 12～14 段设置编号。

第 12 步：选择【文件】/【打印】选项，预览打印效果。

第 13 步：保存为"编排'数学论文'.docx"。

3.1.4　上机实训

实训 1　编排"工作计划"

实训目的

- 掌握 Word 2010 的启动、创建 Word 文档的基本操作。
- 掌握常用文字格式化和段落格式化操作。

实训内容

仿照图 3-29 所示效果编排"工作计划"。

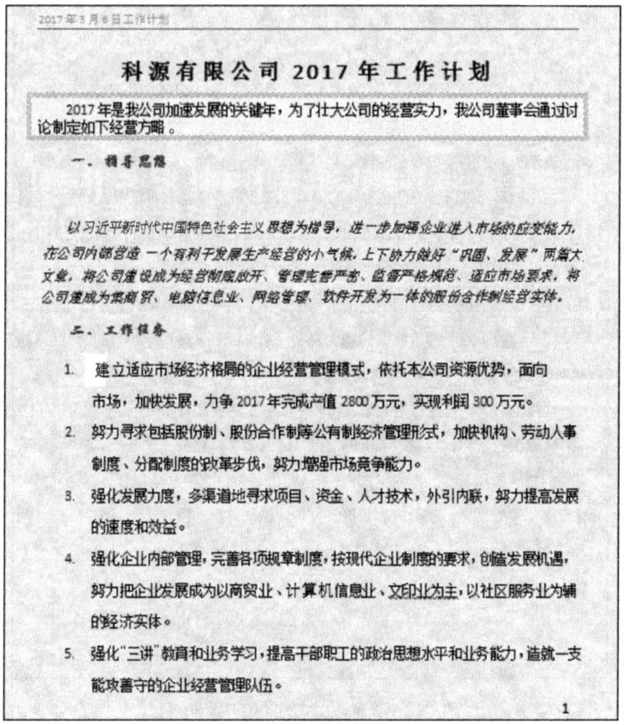
2017年3月6日工作计划

科源有限公司 2017 年工作计划

2017 年是我公司加速发展的关键年，为了壮大公司的经营实力，我公司董事会通过讨论制定如下经营方略。

一、指导思想

以习近平新时代中国特色社会主义思想为指导，进一步加强企业进入市场的应变能力，在公司内部营造一个有利于发展生产经营的小气候，上下协力做好“巩固、发展”两篇大文章，将公司建设成为经营制度放开、管理完善严密、监督严格规范、适应市场要求，将公司建成为集商贸、电脑信息业、网络管理、软件开发为一体的股份合作制经营实体。

二、工作任务

1. 建立适应市场经济格局的企业经营管理模式，依托本公司资源优势，面向市场，加快发展，力争 2017 年完成产值 2800 万元，实现利润 300 万元。
2. 努力寻求包括股份制、股份合作制等公有制经济管理形式，加快机构、劳动人事制度、分配制度的改革步伐，努力增强市场竞争能力。
3. 强化发展力度，多渠道地寻求项目、资金、人才技术，外引内联，努力提高发展的速度和效益。
4. 强化企业内部管理，完善各项规章制度，按现代企业制度的要求，创造发展机遇，努力把企业发展成为以商贸业、计算机信息业、文印业为主，以社区服务业为辅的经济实体。
5. 强化“三讲”教育和业务学习，提高干部职工的政治思想水平和业务能力，造就一支能攻善守的企业经营管理队伍。

1

图 3-29　“工作计划”效果图

实训步骤

- 输入文字。
- 字体、字号、字体颜色，下划线和字符间距的设置在【字体】对话框中操作。
- 首行缩进、行间距、段前间距的设置在【段落】对话框中操作。
- 数字编号设置在【编号】中操作。
- 纸张大小、页边距的设置是在【页面布局】/【页面设置】命令组中操作。
- 页眉和页脚的编辑是在【插入】/【页眉和页脚】命令组中操作。
- 首字下沉的设置是在【插入】/【文本】/【首字下沉】命令组中操作。
- “羊皮纸”文档纹理背景在【页面背景】/【页面颜色】/【填充颜色】命令组中操作。

实训 2　编排“感谢信”

实训目的

- 掌握 Word 2010 中插入其他文件中的文字操作。
- 掌握分段、查找替换和段落格式化操作。

实训内容

根据提供的文件“感谢信.docx”，利用所学的知识将其排版成如图 3-30 所示的效果。

实训步骤

- 执行【插入】/【文本】/【文件中的文字…】命令，插入“感谢信.docx”文档。

尊敬的××中学的领导、老师：

你们好！

六周的实习已经结束了，我××学院师范学院 14 级化学教育的实习生也即将返校上课。借此实习结束之际，谨向关心、教导我们的××中学的校领导、老师表示衷心的感谢和崇高的敬意！

六周的实习过得很充实也很精彩，我们不仅在教学上取得了很大的进步，而且让我们懂得了做人要去面对困难，解决困难，如果退却了，那就永远得不到进步；不仅完成了预定的教学任务，而且还在班主任工作上得到了充分的锻炼；不仅参与了月考考卷的出题工作，还参与了月考的答疑、阅卷、统计等工作，完全体验了当老师所要做的绝大部分工作。而在××中学学习到的这些经验将是我们以后任教的一大财富！

幸福的时光，总是过得太快，精彩的实习生活也完美地结束了，我们不得不对尊敬的校领导、老师、学生们说声 "再见" 了。我们在这再一次感谢××中学的校领导和老师们为我们提供的一切。最后祝××中学全体领导、老师们身体健康、家庭幸福，我们衷心祝愿××中学的教育事业百尺竿头，更进一步！

此致

敬礼

××14 级化学教育的全体实习生

2017 年 10 月 12 日

图 3-30　编排"感谢信"效果图

- 删除"在学校领导的精心安排下……也给我留下了深刻的印象。"这部分文字。
- 按图 3-30 的效果将全文重新分段，并对【段落】进行"首行缩进""居中"，或"文本右对齐"的操作。
- 把全文中几处出现的"我"替换为"我们"。
- 进行【页面设置】设置操作：【纸张大小】为 A4，上、下边距均定为"2 厘米"，左、右边距均定为"1.5 厘米"。

实训 3　编排"试卷"

实训目的

- 掌握 Word 中插入公式操作。
- 掌握页面设置和分栏操作。

实训内容

制作一份数学复习试卷，效果如图 3-31 所示。

实训步骤

- 新建文档，【纸张大小】为 A4，上、下、左、右边距均定为"2 厘米"。
- 输入图 3-31 所示的文字，其中试卷中出现的公式、函数和矩阵都是执行【插入】/【符号】/【公式】下拉列表中的【插入新公式】命令完成的。
- 对文档格式化：设置为【字体】【字号】【段落】分栏，加"分隔线"等。

2015—2016 学年度第一学期"三角函数"复习试卷

班级：_____　姓名：_____　座号：_____　成绩：_____

一、填空题

1. 如果 $\tan\alpha=2$，则 $\dfrac{2\sin\alpha+\cos\alpha}{2\sin\alpha-\cos\alpha}=$（　　　　）。

2. 若 $\sin\theta-\cos\theta=\dfrac{1}{2}$，则 $\sin^2\theta-\cos^2\theta$ 的值为（　　　　）。

3. $y=12\sin 3x-5\cos x$，$y_{\max}=$_____，$y_{\min}=$_____，$T=$_____。

二、解答题

1. 在 $\triangle ABC$ 中，$|AB|=6$，$|BC|=2\sqrt{3}$，$|CA|=8$，求 $\overrightarrow{AB}\cdot\overrightarrow{AC}$。

3. 已知 α、β 为锐角，且 $\tan\alpha$、$\tan\beta$ 是方程 $x^2+6x+7=0$ 的两个根，求 $\alpha+\beta$ 的大小。

$AB\ AC$　　$AB\ \ BC\ \ CA$

2. 已知在 $\triangle ABC$ 中，$\angle A:\angle B=1:2$，$a:b=1:\sqrt{3}$，求 $\triangle ABC$ 的三个内角。

三、计算下列矩形效果

$$\begin{vmatrix} 325 & 3 & 245 \\ 5 & 125 & 18 \\ 15 & 16 & 2 \end{vmatrix}=$$

图 3-31　编排"试卷"效果图

3.2　表格的应用

3.2.1　任务导入及问题提出

任务 1　制作"学期月工作行事历"

根据学校教学计划的安排，新华职校于 2016 年 8 月要制定学校 2016—2017 学年度第一学期月工作行事历。

工作行事历要求用 Word 表格进行编辑，达到图 3-32 所示的效果。

新华职校 2016－2017 学年度第一学期月工作行事历

2016 年 8 月

时间			工　作　内　容	备·注
月份	月	日		
九月		9.1～9.30	做好老生注册和新生接待工作；开学典礼及安全教育；各组、各科任制订本学期工作计划；出好"迎国庆 60 周年"黑板报	中秋放假 1 天
十月		10.1～10.31	对学生进行日常行为规范教育，组织安排 15 电 1 班和 15 商 1 班学生参加工学结合；教师教学常规检查，准备校运会	国庆放假 3 天
十一月		11.1～11.30	学生仪容仪表教育效果检查，做好帮教后进生计划；学生避险应急疏散训练；开展校运会	
十二月		12.1～12.31	开展助人自助教育，元旦文艺汇演，开展校外青年志愿者活动；开展优质课、教改课活动；做好实习生再就业工作	
一月		1.1～1.31	法制、安全教育；各专业技能考试结束；期末考试后勤服务工作；寒假护校安排；团委、学生会各部门、各班团工作经验交流；各班财物移交；各实验室封存；团委工作总结	元旦放假 1 天

图 3-32　新华职校月工作行事历

任务2 制作“教室日志表”

制作一张多重表头的表格“教室日志表”,设计效果如图3-33所示。

教室日志表

<table>
<tr><td colspan="13">(　　)班第(　)周星期(　)　　　(　)年(　)月(　)日　　天气(　)</td></tr>
<tr><td rowspan="3">节次</td><td rowspan="3">科目</td><td colspan="10">教学情况</td><td>学生缺席情况</td></tr>
<tr><td rowspan="2">任课老师</td><td colspan="4">出勤情况</td><td colspan="5">教学情况</td><td rowspan="2">注:
旷课记座号
迟到加【○】
早退加【△】</td></tr>
<tr><td>按时</td><td>迟到</td><td>早退</td><td>缺席</td><td>课文内容</td><td>提问</td><td>演示</td><td>实验实习</td><td>作业</td></tr>
<tr><td>1</td><td></td><td></td><td></td><td></td><td></td><td></td><td></td><td></td><td></td><td></td><td></td><td></td></tr>
<tr><td>2</td><td></td><td></td><td></td><td></td><td></td><td></td><td></td><td></td><td></td><td></td><td></td><td></td></tr>
<tr><td>3</td><td></td><td></td><td></td><td></td><td></td><td></td><td></td><td></td><td></td><td></td><td></td><td></td></tr>
<tr><td>4</td><td></td><td></td><td></td><td></td><td></td><td></td><td></td><td></td><td></td><td></td><td></td><td></td></tr>
<tr><td>5</td><td></td><td></td><td></td><td></td><td></td><td></td><td></td><td></td><td></td><td></td><td></td><td></td></tr>
<tr><td>6</td><td></td><td></td><td></td><td></td><td></td><td></td><td></td><td></td><td></td><td></td><td></td><td></td></tr>
<tr><td>7</td><td></td><td></td><td></td><td></td><td></td><td></td><td></td><td></td><td></td><td></td><td></td><td></td></tr>
<tr><td>班内大事记录</td><td colspan="12">班长签名:______</td></tr>
</table>

图3-33　教室日志表

要求:表格中部分文字按“横”方向排列,部分文字按“竖”方向排列。

任务3 制作“产品销售表”

某销售部门要建立一张“产品销售表”,设计效果如图3-34所示。

产品销售表

<table>
<tr><td colspan="2">数量　项目
商品名</td><td colspan="2">规格</td><td colspan="3">数量</td><td colspan="3">单价(元)</td><td colspan="5">合计金额(元)</td></tr>
<tr><td colspan="2">衬衫</td><td colspan="2">L1</td><td colspan="3">5</td><td colspan="3">89</td><td colspan="5">445</td></tr>
<tr><td colspan="2">长裤</td><td colspan="2">S1</td><td colspan="3">8</td><td colspan="3">80</td><td colspan="5">640</td></tr>
<tr><td colspan="2">毛衣</td><td colspan="2">M1</td><td colspan="3">5</td><td colspan="3">230</td><td colspan="5">1150</td></tr>
<tr><td colspan="2">长裙</td><td colspan="2">H2</td><td colspan="3">9</td><td colspan="3">170.4</td><td colspan="5">1533.6</td></tr>
<tr><td colspan="2">鞋子</td><td colspan="2">N2</td><td colspan="3">12</td><td colspan="3">45.5</td><td colspan="5">546</td></tr>
<tr><td colspan="10">总计金额(小写):</td><td colspan="5">¥4 314.6</td></tr>
<tr><td>总计金额(大写):</td><td>零</td><td>拾</td><td>零</td><td>万</td><td>肆</td><td>仟</td><td>叁</td><td>佰</td><td>壹</td><td>拾</td><td>肆</td><td>元</td><td>陆</td><td>角</td></tr>
</table>

图3-34　产品销售表

要求对所有商品的名称、规格、数量和单价输入完毕后，用公式对商品的复价（即合计金额）进行计算（合计金额＝数量×单价），最后计算出产品总销售额。

问题与思考

- 如何创建表格？
- 如何美化表格？
- 如何编辑调整表格？
- 表格中的数据如何计算？
- 表格中的数据如何排序？

3.2.2　知识点

1. 创建表格

创建表格可以通过单击【插入】/【表格】按钮，在弹出如图 3-35 所示的【插入表格】下拉列表中，选择以下方法之一。

- 若插入的表格的行数小于或等于 8 且列数小于或等于 10，可在下拉列表中拖动鼠标选择表格的行数和列数，单击即可插入表格。
- 【插入表格】。选择【插入表格】选项，则弹出【插入表格】对话框，如图 3-36 所示，从中设置表格的行数和列数。

根据每列的内容自动调整列宽

使表格的宽度与正文区的宽度相同

选中此项，将此对话框的设置进行保存，作为下次再打开此对话的默认设置

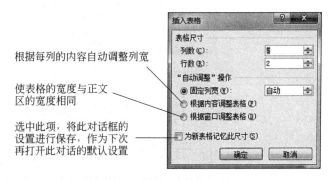

图 3-35　【插入表格】下拉列表　　　　　图 3-36　【插入表格】对话框

- 【绘制表格】。选择【绘制表格】选项，则鼠标指针变为"铅笔形状" ✐，这时可以拖动鼠标，先绘制表格外围框线，如图 3-37 所示，接着再根据需要绘制表格其他垂直线和水平线，如图 3-38 所示。
- 【文本转换成表格】。Word 提供将文本转换成表格的功能，由于表格和文本的表达方式不同，转换前需要设置正确的分隔符，以便转换时将文本放入不同的单元格，这些分隔符可以是段落标记、制表符、英文逗号、空格或用户指定的其他符号。转换时，首先选中要转换成表格形式的文本，例如，选择文档中图 3-39 所示的文本;然后选择【文本转换成表格】选项,在弹出的【将文字转换成表格】对话框中设置表格参数,如图 3-40 所示;最后单击【确定】按钮可将文本转换成如图 3-41 所示的表格。

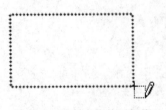

图 3-37　绘制表格外围框线

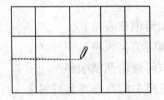

图 3-38　绘制表格的垂直线和水平线

A）,日期时间型,逻辑型,字符型,货币型,数值型和日期型
B）,日期时间型,逻辑型,数值型,货币型,字符型和日期型
C）,日期时间型,货币型,数值型,逻辑型,字符型和日期型
D）,日期时间型,货币型,字符型,逻辑型,数值型和日期型

图 3-39　选择转换成表格的文本

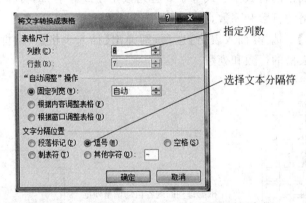

图 3-40　设置【将文字转换成表格】对话框参数

A）	日期时间型	逻辑型	字符型	货币型	数值型和日期型
B）	日期时间型	逻辑型	数值型	货币型	字符型和日期型
C）	日期时间型	货币型	数值型	逻辑型	字符型和日期型
D）	日期时间型	货币型	字符型	逻辑型	数值型和日期型

图 3-41　将文字转换成表格的效果

注:若把鼠标定在表格中,然后执行【表格工具】/【布局】/【数据】/【转换为文本】命令,可以将表格转换为文本。

- 【Excel 电子表格】。选择【插入表格】下拉菜单中的【Excel 电子表格】选项,便可以插入一张 Excel 电子表格。
- 【快速表格】。这是 Word 2010 的新功能。当选择【插入表格】下拉列表中的【快速表格】选项时,出现一个表格样式列表,单击所需的表格样式,可以快速创建一张表格,只需修改其中的数据即可。

当单击创建好的表格后,界面上会出现【表格工具】的【布局】选项卡和【设计】选项卡。图 3-42 和图 3-43 分别是【布局】选项卡和【设计】选项卡,前者主要用于表格的编辑和计算设置,后者主要用于表格边框及样式设置。

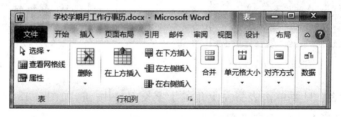

图 3-42 【布局】选项卡

图 3-43 【设计】选项卡

2. 编辑表格

1）表格的选取

用鼠标选取表格中的单元格、行和列的操作有以下几种情况。

- 选取一个单元格:将鼠标指针移到单元格的左边,当指针变为实心向右的箭头时单击,则选取该单元格,如图 3-44 所示。
- 选取多个单元格:选取第一个单元格后按住鼠标左键拖动,直到要选取的最后一个单元格后释放鼠标,如图 3-45 所示。

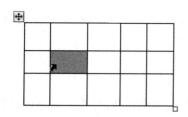

图 3-44 选取一个单元格

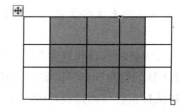

图 3-45 选中多个单元格

- 选取一行或多行:将鼠标指针移到单元格某行最左边,当鼠标指针变为空心向右的箭头时单击,则选取该行单元格,此时,若按着鼠标不放,可以继续选取多行,如图 3-46 所示。
- 选取一列或多列:将鼠标指针移到单元格某列顶端,当鼠标指针变为实心向下箭头时单击,则选取该列单元格,此时,若按着鼠标不放,可以继续选取多列,如图 3-47 所示。

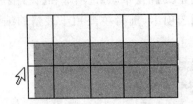
图 3-46 选取多行单元格

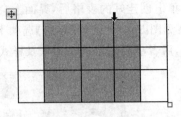
图 3-47 选取多列单元格

- 选取整表：只要单击表格左上角的十字交叉 ⊞ 按钮，如图 3-48 所示，或按住 Ctrl 键，在表格左边的空白处单击。

2）表格行、列和单元格的插入与删除

当一张表格创建完成后，可向表格中添加单元格、行和列。具体操作步骤如下。

第 1 步：选中要插入行和列的单元格。

第 2 步：单击【表格工具】/【布局】/【行和列】命令组中的【对话框启动器】按钮 ，将出现如图 3-49 所示【插入单元格】对话框，此时可以按需要选择对应选项，然后单击【确定】按钮。当然，用户也可以用【行和列】命令组中的【在上方插入】 命令、【在下方插入】 命令、【在左侧插入】 命令和【在右侧插入】 命令为表格添加单元格。

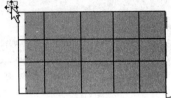
图 3-48 选取整表

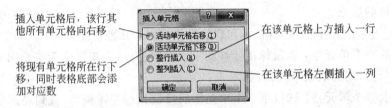
图 3-49 【插入单元格】对话框

注：如果选中表格的多行（或多列），再单击插入行或列的命令，可以一次插入多行（或多列）。

3）改变表格的行高和列宽

改变表格的行高和列宽的常用方法如下。

- 把鼠标指针移向需调整的水平行线，当指针变为 形状时，拖动鼠标可改变行高。
- 把鼠标指针移向需调整的垂直列线，当指针变为 形状时，拖动鼠标可改变列宽。
- 使用【布局】选项卡中的【单元格大小】命令组，如图 3-50 所示。

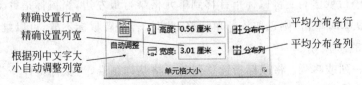
图 3-50 【单元格大小】命令组中各命令的含义

- 使用【表格属性】对话框调整行高和列宽。单击【单元格大小】命令组中的【对话框启动器】按钮，在弹出的【表格属性】对话框中分别打开【行】选项卡和【列】选项卡，设置行高和列宽，如图 3-51 所示。
- 使用快捷菜单。选中表格并右击，在弹出的快捷菜单中选择【平均分布各行】【平均分布各列】选项对行高和列宽进行调整，也可以在快捷菜单中选择【表格属性】选项，在弹出的【表格属性】对话框中进行设置，还可以根据表格的内容【自动调整】。

4）删除单元格

删除单元格操作是指将表格的内容和表格线一起删除。可以只删除某个单元格，也可以删除行或列，还可以删除整个表格。删除表格的方法主要有以下两种。

（1）执行【表格工具】/【布局】/【行和列】命令组中的【删除】命令。单击表格中要删除的单元格，然后选择【表格工具】/【布局】/【删除】选项，在弹出如图 3-52 所示的下拉列表中选择删除方式。

图 3-51　【表格属性】对话框

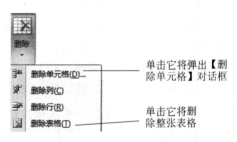

单击它将弹出【删除单元格】对话框

单击它将删除整张表格

图 3-52　【删除】命令下拉列表

（2）使用【删除单元格】对话框。选择要删除的单元格右击，在弹出的快捷菜单中选择【删除单元格】选项，将弹出如图 3-53 所示的【删除单元格】对话框，从中选择需要的操作后单击【确定】按钮。

删除单元格后，该行中所有其他单元格左移

删除单元格后，该列中剩余单元格都上移一行，同时该列底部会添加一个新的空白单元格

图 3-53　【删除单元格】对话框

5）移动表格

（1）移动整张表格。在页面视图中，将鼠标指针停放在表格上，直至出现表格移动控点（四向箭头），此时，若将鼠标指针停放在表格移动控点上方，并且按住鼠标移动控点，则可将表格移到新位置。

（2）移动表格中的项。先选择被移动的列或行，按 Ctrl＋X 组合键剪切，然后将插入点移到新位置，按 Ctrl＋V 组合键粘贴，实现移动操作。

6）复制表格

（1）复制整张表格。复制整张表格的操作与移动整张表格的操作类似，只是在移动控点的同时必须按住 Ctrl 键。

（2）复制表格中的项。先选择被复制的列或行，按 Ctrl＋C 组合键复制，然后将插入点移到新位置，按 Ctrl＋V 组合键粘贴，实现复制操作。

7）缩放表格

将鼠标指针停留在表格右下角，直至出现斜向双向箭头↖后拖动鼠标，可缩放整张表格。

8）合并与拆分单元格

在制作表格的过程中，往往需要将两个或多个单元格合并为一个单元格，有时又需要将一个单元格拆分成多个单元格。合并与拆分单元格主要有以下两种方法。

（1）使用【布局】选项卡中【合并】命令组中的命令。

【合并单元格】的操作方法是，先选中需要合并的多个单元格，然后执行【表格工具】/【布局】/【合并】/【合并单元格】命令，即可以实现合并单元格。

图 3-54 【拆分单元格】对话框

【拆分单元格】的操作方法是，首先把光标定位在需要拆分的单元格中，然后执行【合并】命令组中的【拆分单元格】命令，在弹出的【拆分单元格】对话框中输入拆分的行数和列数，如图 3-54 所示，最后单击【确定】按钮。

注：Word 2010 中，如果鼠标在表格任意处单击，然后执行【合并】命令组中的【拆分表格】命令，可从插入点处将表格分为两张表格。

（2）使用快捷菜单中的命令。选择需要合并（或拆分）的单元格右击，在弹出的快捷菜单中选择【合并单元格】或【拆分单元格】选项。

3. 格式化表格

1）美化表格中的文字

（1）表格文字的格式化。更改单元格中的字体、字号和样式等都与处理 Word 普通文档的做法一样，都是使用常用的文档格式化命令。如果要把一个单元格的格式复制到另一个单元格，最简单的方法是使用【格式刷】。

（2）改变表格文字方向。表格中的文字有横向显示和纵向显示两种。常用的操作方法有以下两种。

方法 1：选中表格中的文字右击，在快捷菜单中选择【文字方向】选项，弹出如图 3-55 所示的【文字方向-表格单元格】对话框，在对话框中可以选择文字方向的方式。

方法 2：单击【布局】选项卡中【文字方向】按钮。

单击【表格工具】/【布局】/【对齐方式】/【文字方向】按钮，即将表格中文字由横向显示改为纵向显示（或反之）。

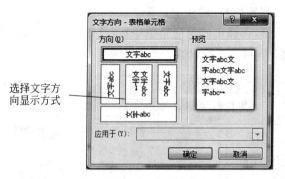

图 3-55　【文字方向-表格单元格】对话框

（3）设置对齐方式。对齐分为单元格对齐
方式和表格对齐方式。单元格对齐方式是指单
元格中的文字相对于单元格边界的对齐方式；
表格对齐方式是指表格相对于页面的对齐
方式。

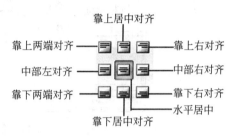

图 3-56　单元格对齐方式

若要设置单元格对齐方式，先选中需要进
行设置的单元格，然后选择【布局】选项卡中的
对齐方式选项，如图 3-56 所示。

设置表格对齐方式的方法是：首先选中需要进行设置的表格，然后选择【表格工具】/
【布局】/【表】/【属性】选项，将打开【表格属性】对话框中进行设置，如图 3-57 所示。

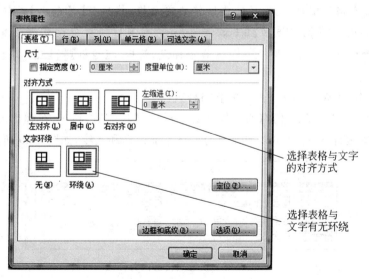

图 3-57　设置表格对齐方式

2）表格的边框和底纹

表格的边框和底纹（底色）对表格的格式与美观起着至关重要的作用。设置表格的边
框和底纹通常有以下三种方法。

方法 1:在【边框和底纹】对话框中设置。

右击选中的单元格,在弹出的快捷菜单中执行【边框和底纹】命令,弹出【边框和底纹】对话框,如图 3-58 所示,对其进行设置。

图 3-58 【边框和底纹】对话框

方法 2:在【表格工具】的【设计】选项卡中设置。

在【表格工具】的【设计】选项卡中有一组设置表格边框和底纹样式的命令,使用这些命令,可以很方便地设置表格边框和底纹的样式。

注:设置表格边框时,先选择需要修饰的单元格,然后在【笔颜色】✐笔颜色▾下拉列表中设置线条颜色,在【笔划粗细】0.5磅————▾下拉列表中设置线条宽度,在【笔样式】——————▲下拉列表中设置线条样式,最后在【边框】▦边框▾下拉列表中设置相应的框线。

方法 3:使用 Word 2010 内置的表格样式。

单击【表格工具】/【设计】/【表格样式】命令组中【其他】按钮▾,在弹出的下拉列表中选择一款内置表样式命令,可以快速地为表格添加边框和底纹,如图 3-59 所示。

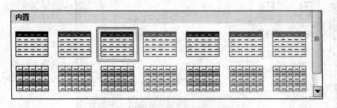

图 3-59 设置表格的内置样式

3) 绘制斜线表头

在绘制表格时,有时需绘制斜线表头。在 Word 2007 以前的版本中有内置的斜线表头选项,而 Word 2010 版本没有此选项,但可以手动绘制。若要绘制一根斜线表头,执行【表格工具】/【设计】/【绘制表格】命令,此时鼠标的光标为铅笔✐形状,可直接绘制,输入表头文字可通过 Space 键与 Enter 键移动到合适位置；若要绘制多根斜线的复杂表头，如图 3-60 所示，单击【插入】/【插图】/【形状】按钮，选择下拉菜单中的【直线】\工具直接在表头上绘制（斜线颜色与粗细可调整到与表格一致），输入表头文字也通过 Space 键与 Enter 键移动到合适位置。

图 3-60　复杂斜线表头样式

注：斜线表头内的斜线、文字的效果和位置若不一致，要先调整整个单元格大小，再统筹调整。

4．表格的数据处理

1）表格的简单计算

可以对表格的数据进行加、减、乘、除等运算。操作时，先把光标定在要放置计算结果的单元格，然后单击【表格工具】/【布局】/【数据】/【公式】按钮，并在弹出的【公式】对话框中设置参数。需要注意的是，公式文本框中输入的公式必须以等号"="开头，后接函数、算术运算符和运算参数组成，各个参数必须以逗号分隔，参数中的符号必须采用半角方式输入。

2）表格的排序

使用排序的步骤如下。

第 1 步：选择要排序的单元格。

第 2 步：单击【表格工具】/【布局】/【数据】/【排序】按钮，弹出如图 3-61 所示的【排序】对话框。

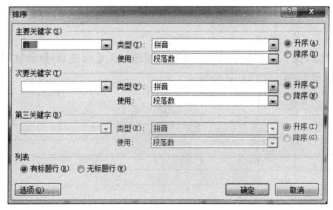

图 3-61　【排序】对话框

注：应根据排序表格中有无标题行的具体情况，选中下方的【有标题行】或【无标题行】单选按钮。

第3步：在【排序】对话框中设置排序的关键字及排序方式(升序或降序)，即可对选中的表格进行排序。

3.2.3 任务实施步骤

任务1 实施制作"学期月工作行事历"

设计目标

- 掌握创建和编辑表格的方法与技巧。
- 掌握表格边框与底纹设置操作。

设计思路

- 确定表格的行数和列数，并插入一张规范表格。
- 进行单元格的合并，并调整行高、列宽。
- 输入表格中文字内容。
- 对表格文字内容和表格格式进行设置。

设计效果

"学期月工作行事历"设计效果如图3-32所示。

操作步骤

第1步：新建一个 Word 文档。第1段输入文字"新华职校2016—2017学年度第一学期月工作行事历"，设置【字体】为"宋体""三号""加粗"、【段落】为"居中"。第2段输入文字"2016年8月"，设置"字体""加粗"、【段落】为"文本右对齐"。

第2步：创建表格。单击【插入】/【表格】下拉列表中【插入表格…】按钮，在弹出的【插入表格】对话框中输入【列数】为4，【行数】为7，单击【确定】按钮，则创建一张"4×7"表格。

第3步：选择第1行的第1、2列单元格，单击【合并】命令组中的【合并单元格】按钮▦，将两个单元格合并。同理合并第3列的第1、2行单元格，合并第4列的第1、2行单元格。

第4步：调整列宽。把鼠标指针移到垂直线上，当光标变成╫形状时拖动鼠标，调整列宽，把表格调整成如图3-62所示的效果。

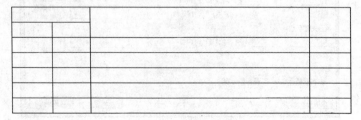

图 3-62　调整列宽的效果

第 5 步：输入图 3-32 表格所示的文字。

第 6 步：表格文字格式化。选择“工作内容”所在列的单元格，设置【字号】为“小五”，打开【段落】对话框，【段落】对齐方式为“左对齐”，调整【首行缩进】为“2 字符”，在【行距】下拉列表中选择【固定值】选项，【设置值】为“12 磅”。设置“备注”所在列的单元格【字号】为“小五”。

第 7 步：选择“时间”所在列，如图 3-63 所示，右击，在弹出的快捷菜单中选择【单元格对齐方式】/【水平居中】选项。

时间	
月份	月日
九月	9.1～9.30

图 3-63　选择“时间”列

第 8 步：选择如图 3-64 所示单元格，单击【段落】组中的【分散对齐】按钮，使表格中文字分散对齐。

时间		工作内容	备注
月份	月日		

图 3-64　选择单元格

第 9 步：设置边框和底纹。选择整张表格，单击【表格工具】/【设计】/【绘图边框】/【笔划粗细】下三角按钮，在其下拉列表中选择“3 磅”，接着单击【表样式】/【所有框线】的下三角按钮，在弹出的下拉列表中单击【外侧框线】按钮，则给整张表格加上线宽为 3 磅的外侧框线。再选择【笔划粗细】为“1 磅”，然后单击【表样式】/【所有框线】下拉列表中的【内部框线】按钮，则表格中所有内部框线粗细均设为“1 磅”。

第 10 步：选择如图 3-65 所示单元格，选择【笔划粗细】为“1.5 磅”，然后单击【表样式】/【所有框线】下拉列表中的【下框线】按钮 边框，则所选项单元格下部框线设为 1.5 磅宽；单击【表样式】/【底纹】下三角按钮，在弹出的下拉列表中选择“橄榄色、强调文字颜色 3、淡色 60%”选项，则给所选单元格加上橄榄色底纹。最后效果如图 3-32 所示。

时间		工作内容	备注
月份	月日		

图 3-65　选择单元格

第 11 步：设置【纸张大小】为“16 开”，上、下、左、右边距均为“1.5 厘米”，保存文件为“学校学期月工作行事历.docx”。

任务 2　实施制作“教室日志表”

设计目标

熟练掌握表格编辑和格式设置的操作方法。

设计思路

- 先创建规范表格，再调整为不规范表格。
- 设置表格文字方向并保存。

设计效果

“教室日志表”设计效果如图 3-33 所示。

操作步骤

第1步：新建一个 Word 文档。输入标题"教室日志表"，【字体】为"黑体"、【字号】为"小三"、【段落】为"居中"。

第2步：创建一张"13×12"的规范表格。

第3步：合并单元格。将第1行单元格合并；第2行中从左边数起的第3～12个单元格合并；第3行从左边数起的第4～7个单元格合并、第8～12个单元格合并。

第4步：调整行高和列宽，使效果如图3-66所示。

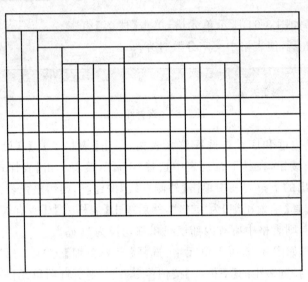

图 3-66 调整行高和列宽

第5步：选择如图3-67所示单元格右击，在弹出的快捷菜单中执行【文字方向】命令，弹出【文字方向】对话框，选择"纵向显示"选项，单击【确定】按钮，将这几个单元格文字"纵向显示"，效果如图3-68所示。

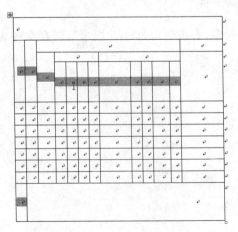

图 3-67 选择单元格

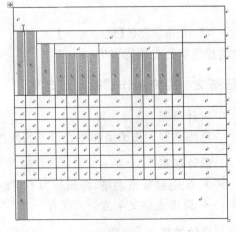

图 3-68 选择单元格的单元格文字为纵向显示

第 6 步：输入如前面图 3-33 所示表格中的数据。

第 7 步：选择整张表格，设置【单元格对齐方式】为"水平居中"。

第 8 步：保存文件为"教室日志表.docx"。

任务 3　实施制作"产品销售表"

设计目标

- 掌握斜线表头的制作。
- 掌握表格的简单公式计算和排序操作。

设计思路

- 创建需要的表格并输入数据。
- 插入公式计算和排序数据。

设计效果

"产品销售表"设计效果如图 3-34 所示。

操作步骤

第 1 步：新建一个 Word 文档，输入标题为"产品销售表"，设置【字体】为"黑体"、【字号】为"二号"、【段落】为"居中"。

第 2 步：创建"5×8"表格，调整行高和列宽，使表格调整为如图 3-69 所示效果。

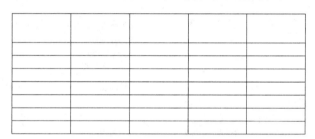

图 3-69　调整后的表格效果

第 3 步：合并第 7 行的第 1～4 个单元格；合并第 8 行的第 2～5 个单元格，表格第 7、8 行效果如图 3-70 所示。

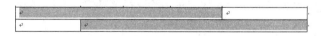

图 3-70　合并表格第 7、8 行效果

第 4 步：光标定在第 8 行第 2 个单元格内，单击【表格工具】/【布局】/【合并】/【拆分单元格】按钮，在弹出【拆分单元格】对话框中设置【列数】为 14，【行数】1，如图 3-71 所示，则表格第 8 行效果如图 3-72 所示。

第 5 步：绘制斜线表头。将光标定位在需绘制斜线表头的单元格中，调整单元格大小使其能容纳斜线表头，选择【插入】/【插

图 3-71　拆分单元格

图 3-72　拆分第 8 行的效果

图】/【形状】/【直线】的\工具直接绘制斜线表头(斜线颜色与粗细可调整到与表格一致),输入各部分标题文字(通过空格键与 Enter 键移动文字到合适位置),效果如图 3-73 所示。

第 6 步:输入如图 3-34 所示表格中的文字。

第 7 步:计算各商品的销售合计金额。将光标定在第 2 行第 5 列的单元格中,单击【表格工具】/【布局】/【数据】/【公式】按钮 *fx*,弹出【公式】对话框,在【公式】文本框中输入

图 3-73　"斜线表头"效果

公式"=5∗89",如图 3-74 所示,单击【确定】按钮,则计算出衬衫销售的合计金额。同理,计算出其他商品的销售合计金额。

第 8 步:计算"总计金额"。将光标定在第 7 行的第 2 个单元格中,单击【表格工具】/【布局】/【数据】/【公式】按钮 *fx*,在弹出的【公式】对话框中单击【粘贴函数】下三角按钮,在下拉列表中选择 SUM( )函数,则【公式】文本框中出现=SUM( )内容,此时在括号内单击,并手动输入 ABOVE,再选择如图 3-75 所示的【编号格式】选项,单击【确定】按钮,则计算出总计金额。

图 3-74　手动输入公式

图 3-75　设置公式参数

第 9 步:选择如图 3-76 所示单元格,设置【字号】为"四号""加粗"。

数　　项 　量　目 商 　品　名	规格	数量	单价(元)	合计金额(元)

图 3-76　选择单元格

第 10 步:选择除第一个单元格外的所有单元格,设置【表格文字对齐方式】为"水平居中"。

第 11 步:填写好表格第 8 行的文字,使其效果如图 3-34 所示。

第 12 步:保存文件为"产品销售表.docx"。

3.2.4　上机实训

实训 1　制作“课程表”

实训目的

- 掌握新建表格操作。
- 掌握表格单元格合并、插入斜线表头和表格框线设置操作。

实训内容

制作“课程表”,效果如图 3-77 所示。

课程表

<table>
<tr><th>课程 星期
节数</th><th>星期一</th><th>星期二</th><th>星期三</th><th>星期四</th><th>星期五</th></tr>
<tr><td>第一节</td><td>升旗仪式</td><td rowspan="2">计算机操作</td><td>数学</td><td>外语</td><td>计算机操作</td></tr>
<tr><td>第二节</td><td>数学</td><td>语文</td><td>德育</td><td>外语</td></tr>
<tr><td>第三节</td><td>语文</td><td>外语</td><td rowspan="2">界面设计</td><td rowspan="2">计算机操作</td><td>数学</td></tr>
<tr><td>第四节</td><td>界面设计</td><td>数学</td><td>德育</td></tr>
<tr><td colspan="6">午餐、午休</td></tr>
<tr><td>第五节</td><td>外语</td><td>德育</td><td>心理健康</td><td>音乐</td><td rowspan="2">语文</td></tr>
<tr><td>第六节</td><td rowspan="2">计算机操作</td><td rowspan="2">界面设计</td><td>体育</td><td>美术</td></tr>
<tr><td>第七节</td><td>自习</td><td>自习</td><td>团员活动</td></tr>
</table>

图 3-77　创建课程表

实训步骤

- 新建一个空白文档,在此空白文档中输入“课程表”,“课程表”三个字【字体】为“华文彩云”、【字号】为“一号”。
- 插入 6 列 9 行的表格,用鼠标调整行高和列宽。
- 选择需要合并的单元格,执行【单元格合并】命令。
- 为表格插入斜线表头。
- 执行【表格工具】/【设计】/【表样式】和【绘制边框】命令组中的命令,为表格设置边框和底纹。

注:整张表格的底纹颜色为“蓝色,强调文字颜色 1,淡色 80%”。

实训 2　制作“个人简历”

实训目的

- 掌握表格单元格合并、设置斜线表头和表格框线的操作。
- 掌握设置单元格文字方向的操作。

实训内容

制作"个人简历",效果如图 3-78 所示。

个人简历

个人概况				
姓名		性别		
目前所在地		民族		
户口所在地		身高		照片
婚姻状况		出生年月		
邮政编码		联系电话		
通信地址				
E-mail				
求职意向及工作经历				
人才类型		应聘职位		
工作年限		职称		
求职类型		月薪要求		
个人工作经历				
教育背景				
毕业院校				
最高学历		毕业时间		
所学专业（一）		所学专业（二）		
受教育经历				

图 3-78　个人简历

实训步骤

- 新建一个空白文档,在此空白文档中输入"个人简历",【字号】为"二号""加粗"。
- 插入 5 列 18 行的表格,先用鼠标调整行高和列宽后,选择需要合并的单元格后,执行【单元格合并】命令。
- 选择单元格,执行【表格工具】/【布局】/【对齐方式】/【文字方向】命令,为表格单元格的文字设置显示方向。
- 执行【表格工具】/【设计/【表样式】和【绘制边框】命令组中的命令,为表格设置边框和底纹。

注:"教育背景""求职意向及工作经历""个人概况"所在单元格【字体】设为"华文行楷",【字号】为"三号",并加上"红色,强调文字颜色2,淡色80％"的底纹。

实训 3　制作"来访登记表"

实训目的

掌握表格的基本操作。

实训内容

制作"来访登记表",效果如图 3-79 所示。

××公司来访登记表

NO:

来客单位		来客姓名		来访时间	
联系方式				离开时间	
来访事由:					
接待部门		接待人姓名		接待时间	
处理结果:					

图 3-79　来访登记表

实训步骤

- 新建一个空白文档,创建标题。
- 插入 6 列 5 行的表格,先用鼠标调整行高和列宽后,选择需要合并的单元格后,执行【单元格合并】命令。
- 输入表格文字,并设置表格文字"水平居中"。

3.3　图 文 混 排

3.3.1　任务导入及问题提出

任务 1　制作"名片"

在职场中,名片是当代社会私人交往和公务交往中一种最为经济实用的介绍性工具。他人对你的印象往往起源于你递上的那张表明你身份的名片。现在,请为神奇电脑公司的吴洋洋经理设计一张名片,要求达到如图 3-80 和图 3-81 所示的效果。

图 3-80　名片正面

图 3-81　名片背面

任务 2　制作"产品宣传单"

为电脑公司制作产品宣传单[①],效果如图 3-82 所示。

图 3-82　产品宣传单

任务 3　制作"组织结构图"

为网络公司创建组织结构图,效果如图 3-83 所示。

问题与思考

- 如何在文档中插入图片、剪贴画、艺术字、文本框等图形对象?
- 如何编辑和格式化图形对象?
- 如何创建组织结构图?
- 如何组合图形对象?

3.3.2　知识点

1. 图形对象

为了使文档图文并茂,有时需要向文档中插入图片、形状、艺术字、文本框等,统称为

[①]　本书所举案例涉及企业、品牌、人名等信息资料,均为虚拟,仅为教学示范使用。

插入图形对象。通过颜色、图案、边框和其他效果的设置,增强这些对象的效果,进而准确地传达自己的意图。

插入基本图形类型主要使用【插入】/【插图】命令组中的各个工具,如图 3-84 所示。

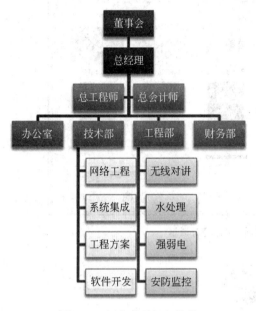

图 3-83　网络公司组织结构

图 3-84　【插图】命令组中的工具

2. 插入图形对象

1)插入图片

Word 中可以插入的图片包括 Windows 位图、Windows 图元、JPEG、GIF、Macintosh PICT、CorelDRAW、WordPerfect、Kodak Photo CD 等图形文件类型。插入图片文件的操作步骤如下。

第 1 步:把插入点移到要插入图片的位置。

第 2 步:单击【插入】/【插图】/【图片】按钮,出现【插入图片】对话框,如图 3-85 所示。

第 3 步:在【地址栏】中指定图形文件的位置;在【文件类型】下拉列表中选择图片文件格式;在【文件名】文本框中输入文件名字,或单击文件夹列表中的图片文件。

第 4 步:单击【插入】按钮。

2)插入剪贴画

剪贴画是一种特殊类型的图片,通常由小而简单的图像组成,使用它们可以给文档增加外观可视化和趣味性。Word 提供了许多剪贴画,可以在文档中随意使用。

(1)通过输入主题关键字查找并插入剪贴画。通过输入主题关键字查找并插入剪贴画的操作步骤如下。

第 1 步:把插入点移到要插入剪贴画的位置。

第 2 步:单击【插入】/【插图】/【剪贴画】按钮,弹出【剪贴画】任务窗格,如图 3-86 所示。

图 3-85 【插入图片】对话框

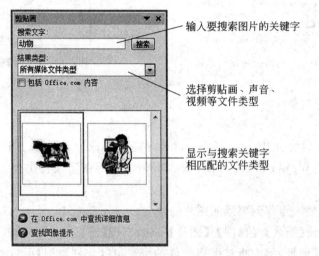

图 3-86 【剪贴画】任务窗格

第 3 步：设置【剪贴画】任务窗格的选项，使搜索范围缩小。

第 4 步：右击要插入的剪贴画，在弹出的快捷菜单中，单击【插入】按钮，便在文档中插入了所选的剪贴画。

(2) 在 Office 官方网站中直接下载剪贴画。首先保证当前计算机已经连接到 Internet。具体操作步骤如下。

第 1 步：把插入点移到要插入剪贴画的位置。

第 2 步：单击【插入】/【插图】/【剪贴画】按钮，单击【剪贴画】任务窗格下方的【在 Office.com 中查找详细信息】按钮，打开 Office.com 网站。

第 3 步：在打开的 Office.com 网站中，根据所使用的 Office 版本，选择两种方式中的一种将剪贴画或联机图片添加到文件中，若选中【Office 2007 和 2010】选项，然后再单击"必应用图像搜索"超级链接文本，自动打开"图像"频道，在上方搜索框中输入关键字（例如"树木"），并单击【搜索】按钮 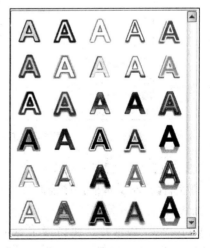，在返回的搜索结果列表中对需要下载的剪贴画右击，从弹出的快捷菜单中执行【复制图片】命令（将剪贴画复制到剪贴板中），回到文档中，右击，在弹出的快捷菜单中执行【粘贴】命令即可。

3）插入形状

在 Word 中插入形状，即在 Word 文档中插入绘图对象。插入形状的操作步骤如下。

第 1 步：单击【插入】/【插图】/【形状】按钮，出现快速形状库，如图 3-87 所示，单击需要的形状，或者执行【绘图工具】/【格式】/【插入形状】命令组中的某一个形状图标。

第 2 步：鼠标指针变成十字光标时，在文档需插入形状处单击并拖动鼠标，待到形状大小合适时，释放鼠标，即可在文档中绘制出需要的形状。

第 3 步：把所绘制的形状移到文档合适的位置。

4）插入艺术字

Office 中的艺术字（英文名称为 WordArt）结合了文本和图形的特点，能够使文本具有图形的某些属性，如设置旋转、三维、映像等效果，在 Word 2010 文档中插入艺术字的操作步骤如下。

第 1 步：单击【插入】/【文本】/【艺术字】按钮，弹出艺术字下拉列表，如图 3-88 所示。

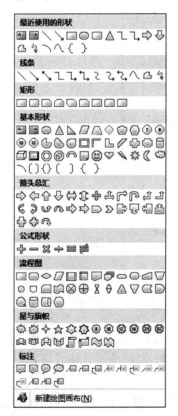

图 3-87　快速形状库

图 3-88　【艺术字】样式

第2步：单击某一艺术字样式后，将弹出【艺术字文字】编辑框，在编辑框中输入要插入的艺术字文本。

第3步：调整艺术字外观。艺术字【字体】和【字号】设置与普通文本设置相同，其他外观效果设置可在其对应的【格式】绘图工具中逐项完成，如图3-89所示。

图3-89　艺术字【格式】工具

5) 插入文本框

在输入或编辑 Word 文档时，有时需要将某些文字放到文本框中，然后这个文本框就连同其中的文字被看作图形处理，它不受文档行的限制，常用于图解的说明或制作流程图等。

插入文本框的操作步骤如下。

第1步：单击【插入】/【文本】/【文本框】按钮，弹出【文本框】下拉列表，如图3-90所示。

图3-90　【文本框】下拉列表

第2步：在【文本框】下拉列表中，从文本框内置样式库选择样式应用，如果样例不符合要求，可执行【绘制文本框】或【绘制竖排文本框】命令，自己绘制并输入内容。

6) 插入 SmartArt 图形

从 Word 2007 版本开始便新增了 SmartArt 图形功能。SmartArt 图形包括图形列表、流程图及组织机构图等，可以通过多种不同布局中进行选择来创建 SmartArt 图形，从而快速、轻松、有效地传达信息。使用 SmartArt 图形，可以轻松地创建具有专业水平的插图。

　　SmartArt 图形中包含有 3 个重要概念：形状、文本和布局。形状是构成布局的基本元素；文本是每个形状中用于说明的文字，或代表某种特定意义的文字；布局是指形状的分布、排列和相互之间的依赖关系。

　　插入 SmartArt 图形的操作是单击【插入】/【插图】/SmartArt 按钮，然后在弹出的【选择 SmartArt 图形】对话框右边选择一款适合传达信息的布局类型，最后在文本窗格中输入相关的文本。

　　创建 SmartArt 图形后，将在界面上出现【SmartArt 工具】的【设计】选项卡和【格式】选项卡，【设计】选项卡由【创建图形】【布局】【SmartArt 样式】和【重置】命令组组成，如图 3-91 所示。【格式】选项卡与前面所述相似，在此不再赘述。

图 3-91　【SmartArt 工具】的【设计】选项卡

　　【创建图形】命令组主要用于添加各级形状和文本。

　　【布局】命令组主要用于选择新的布局类型。

　　【SmartArt 样式】命令组主要用于修改 SmartArt 图形的样式、颜色。

　　【重置】命令组主要用于放弃对 SmartArt 图形所做的全部格式更改。

　　7）插入屏幕截图

　　Word 2010 中新增了屏幕截图功能，利用该功能可以在屏幕上截取自己需要的图片部分，并直接插入文档中，操作快人一步。

　　（1）插入窗口截图。Word 2010 的【屏幕截图】会智能监视活动窗口（打开且没有最小化的窗口），可以很方便地截取活动窗口中的图片并插入正在编辑的文章中，具体操作是首先打开要截取的窗口；其次切换到 Word 2010 中，单击【插入】/【插图】/【屏幕截图】按钮，弹出的【可用视窗】会以缩略图的形式显示当前所有活动窗口缩略图（如图 3-92 所示），选择要截取的窗口缩略图，Word 2010 会自动截取窗口图片并插入文档中。

图 3-92　截取活动窗口

(2) 截取屏幕中的部分图片,具体操作步骤如下。

第1步:打开 Word 2010,单击【插入】/【插图】/【屏幕截图】按钮,在弹出的【可用视窗】中选择【屏幕剪辑】选项。

第2步:计算机屏幕将会自动变成类似于半透明的样式,并且鼠标的指针会变成一个十字形。

第3步:把鼠标的十字形放到需要截图的区域,然后拖动鼠标,选择图片部分区域,文档中会自动添加刚才选择的部分图片。

8) 插入图表

Office Word 2010 包含很多不同类型的图表和图形,它们可用来向观众传达有关库存水平、组织更改和销量图以及其他更多方面的信息。关于图表的具体操作将在 Excel 组件中详细介绍。

3. 设置插入对象的格式

插入图片、剪贴画后,单击对象,会在标题栏出现【图片工具】的【格式】选项卡,它由4个命令组组成,分别是【调整】命令组、【图片样式】命令组、【排列】命令组和【大小】命令组,如图 3-93 所示;若插入的是艺术字、形状和文本框,将出现【格式】选项卡,它由6个命令组组成,分别是【插入形状】命令组、【形状样式】命令组、【艺术字样式】命令组、【文本】命令组、【排列】命令组和【大小】命令组。

图 3-93 "图片"的【格式】选项卡

(1)【调整】命令组,主要用于对图片进行"删除背景""颜色亮度、饱和度""艺术效果"的设置和"压缩""更改"等操作。

(2)【图片样式】命令组,主要用于对图片的样式、形状、边框和效果进行设置。

(3)【排列】命令组,主要用于对图片的位置、环绕方式以及多张图片的对齐、组合和排列进行设置。

(4)【大小】命令组,主要用于设置图片的大小,并可以对图片进行裁切,删去不必要的部分。

(5)【插入形状】命令组,主要用于插入图形,改变图形形状。

(6)【形状样式】命令组,主要用于方便图形套用内置的"形状样式主题"和设计个性化图形效果,比如,改变图形内部填充效果、边框轮廓、添加阴影、发光等效果。

(7)【艺术字样式】命令组,主要方便艺术字套用内置的样式主题和设计个性化艺术字效果,比如,改变文字内部填充效果、边框轮廓、添加阴影、发光等效果。

4. 插入对象的常用操作

1) 给图片添加内置的样式

Word 内置的样式有 28 个,用户可以单击图片样式右边的【其他】按钮 ,将弹出内置图片样式列表,如图 3-94 所示。选中图片,再单击其中一个内置样式,可将内置样式应用于该图片。

图 3-94　内置的图片样式

2）更改图片的艺术效果

选中图片,执行【调整】命令组中的【艺术效果】命令,在【艺术效果】下拉列表中选择不同的艺术效果单击,可改变图片的效果。

3）设置图片的边框

选中图片,执行【图片样式】命令组中的【图片边框】命令,在弹出如图 3-95 所示的【图片边框】下拉列表中选择不同的线形和线宽单击,可改变图片的边框粗细和形状。

4）设置图片的特殊效果

图片的特殊效果是指为图片设置阴影、发光、影像或旋转等效果。执行【图片样式】命令组中的【图片效果】命令,在弹出的【图片效果】下拉列表中选择各种效果。

5）设置图片在页面中的位置。

选中图片,执行【排列】命令组中的【位置】命令,弹出【位置】下拉列表,从中可设置图片在页面中的位置,如图 3-96 所示。

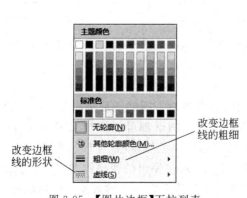

图 3-95　【图片边框】下拉列表

图 3-96　【位置】下拉列表

6）设置页面文字与图片的环绕方式

选中图片，执行【排列】命令组中的【环绕方式】命令，在其下拉列表中可设置图片与周围文字的环绕方式，如图 3-97 所示。

7）设置图片的旋转方式

选中插入对象，执行【排列】命令组中的【旋转】命令，在其下拉列表中可设置图片的旋转方式，如图 3-98 所示。

图 3-97　【环绕方式】下拉列表　　　　　图 3-98　【旋转】命令

另外，单击选中插入对象，在图片对象四周将显示小的图形，即控制柄。其中，绿色控制柄⊖用于旋转图形对象，当鼠标指针放在绿色控制柄上，指针变成↻形状，便可随心所欲地旋转图形对象。

8）设置多张图片的对齐方式

当选中多张图片时，执行【排列】命令组中的【对齐】命令，在其下拉列表中可设置这些图片的对齐方式和分布方式。

9）设置多张图片的排列方式

当选中多张图片时，执行【排列】命令组中的【上移一层】或【下移一层】命令，可设置这些图片的排列。

10）裁剪图片

选中图片后，执行【大小】/【裁剪】命令，其周围出现【裁剪】定界框，如图 3-99 所示，当鼠标指针移向定界框时，指针会变成

图 3-99　裁剪图片

⌐或├形状，此时，拖动其定界框，可对图片进行裁剪。

注：移动选中图片对象的控制柄可缩放图片，移动黄色控制柄◇可改变图形对象的形状。

11）给形状图形添加文字

【形状】工具不仅可以绘制各种形状图形，还可以在形状图形中添加文字，从而将形状图形作为特殊的文本框使用。并不是所有的形状图形都可以添加文字，只有在除了"线条"以外的"基本形状""箭头总汇""流程图""标注""星与旗帜"等形状图形中才可以添加文字。具体操作是右击需要添加文字的形状图形，在弹出的快捷菜单中选择【添加文字】选项，然后形状图形进入文字编辑状态，根据实际需要在其中输入文字内容即可。

12）创建文本框的链接

编辑文档时，有时为了达到特殊的版面效果，需要插入一些文本框来将页面划分为几

个单独的区域,使这几个区域的内容连起来形成一个整体。当页面布局或文本框内容被
调整时,已经设置好的文本框就会出现空白或文字溢出的现象,于是,只得在各个文本框
之间进行剪切和粘贴的重复操作,严重影响工作效率。这时,使用文本框链接可以轻松解
决这一难题。

创建文本框链接的具体操作步骤如下。

第 1 步:在文档中插入两个文本框,两个文本框必须在同一个文档中,但可以在不同
的页面上。

第 2 步:单击第 1 个文本框(称为源文本框),此文本框中可以包含文本,也可以
空白。

第 3 步:在文本框工具栏上,单击 ⊂⊃ 创建链接 按钮,鼠标指针形状变为 ⍟。

第 4 步:将鼠标指针移至第 2 个文本框(称为目标文本框,而且此文本框必须为空
白),指针形状变为 ⬦,单击文本框即可创建链接。

第 5 步:若要继续链接到其他文本框,可插入第 3 个空白文本框,然后选中第 2 个文
本框后(此时,第 2 个文本框又作为源文本框),重复第 3 步和第 4 步操作,可创建与第
3 个文本框链接。

注: 当文本框创建链接后,当第 1 个文本框中输入或粘贴文本文字排满时,文字将顺
延排入已经链接的其他文本框中。

若要断开文本框链接,首先选择源文本框,然后单击断开链接命令 ⊗ 断开链接 ,则取消
文本框链接操作。

3.3.3　任务实施步骤

任务 1　实施制作“名片”

设计目标

- 掌握页面设置操作。
- 掌握设置页面颜色操作。
- 掌握文档中插入剪贴画、文本框的操作。

设计思路

- 页面设置。
- 插入剪贴画、文本框等图形对象。

设计效果

“名片”设计效果如图 3-80 和图 3-81 所示。

操作步骤

第 1 步:新建一个文档。

第 2 步:执行【页面设置】/【纸张大小】/【其他页面大小】命令,在弹出的对话框中选
择【纸张】选项卡,设置【纸张大小】为“自定义大小”,设置宽度为“8.8 厘米”,高度为
“5.5 厘米”;选择【页边距】选项卡,设置上、下、左、右页边距、装订线均为“0 厘米”;选择

【版式】选项卡,设置【页眉】和【页脚】均为0,单击【确定】按钮返回文档编辑状态。

第3步:单击【插入】/【页】/【分页】按钮,文档产生新的一页,分别用于制作名片的正面和反面。

第4步:制作名片的正面。在第1页内,插入"电脑剪辑.png",改变图片的环绕方式为"四周型环绕",然后移动图片至右上角位置。

第5步:在文档中插入5个横向文本框,并输入如图3-80所示文字,设置好文本框内的文字格式,然后调整各个文本框之间的距离,效果如图3-100所示。

第6步:选择所有文本框,单击【绘图工具】/【格式】/【形状样式】/【形状轮廓】按钮,在其下拉列表中选择【无轮廓】选项;单击【绘图工具】/【格式】/【形状样式】/【形状填充】按钮,在其下拉列表中选择【无填充颜色】选项。

图 3-100　名片正面文字

第7步:在第2页创建名片背面内容。鼠标指针定在第2页,单击【插入】/【文本】/【艺术字】按钮,在弹出的【艺术字样式】下拉列表中选择第6行(从左边数起)第3个样式,输入"选择神奇让你神气"艺术文字,字号设置为"一号"。

第8步:单击【插入】/【插图】/【图片】按钮,找到"表扬.png",插入文档中。改变图片的环绕方式为"四周型环绕",然后移动图片至合适位置。

第9步:创建如图3-81所示的文本框。

第10步:调整名片背面中所有对象的位置。

第11步:设置页面颜色。单击【页面布局】/【页面背景】/【页面颜色】按钮,在弹出的下拉列表中选择【填充效果】选项,在弹出的【填充效果】对话框中打开【纹理】选项卡,选择"水滴"纹理。

第12步:打印预览文档,觉得效果满意后保存文档为"名片.docx"。

任务2　实施制作"产品宣传单"

设计目标

- 掌握插入形状并设置其格式的操作。
- 掌握文档中插入图片的操作。
- 掌握改变图形对象大小和位置等操作。

设计思路

- 页面设置。
- 插入形状、文本框等图形对象。
- 调整位置并保存。

设计效果

"产品宣传单"设计效果如图3-82所示。

操作步骤

第 1 步：新建一个 Word 文档。

第 2 步：设置页面【纸张大小】为 A4；设置上、下、左、右边距、装订线、页眉和页脚均为 0。

第 3 步：设置页面颜色。单击【页面布局】/【页面背景】/【页面颜色】按钮，在弹出的下拉列表中选择【填充效果】选项，在弹出的【填充效果】对话框中选择【渐变】选项卡，设置渐变颜色为"双色"，颜色 1 为"红色"，颜色 2 为"白色"，底纹样式为"水平"，变形为"左下角"选项。

第 4 步：单击【插入】/【文本】/【艺术字】按钮，从弹出的下拉列表中选择第 3 行第 4 个样式，输入"畅想天元 N6550 惊爆上市"文字，设置文字大小为"小初"。选择艺术字，执行【格式】/【插入形状】/【编辑形状】/【更改形状】/【星与旗帜】命令组中的"爆炸形 1"，设置【形状填充】颜色为"白色"，【形状轮廓】为"无轮廓"，同时通过控制柄改变大小和旋转位置。

第 5 步：设置艺术字"阴影"和"弯曲度"。选中艺术字文字，执行【格式】/【艺术字样式】/【文字效果】/【阴影】/【内部】/【内部右上角】命令，再次执行【格式】/【艺术字样式】/【文字效果】/【转换】/【弯曲】/【正 V 形】命令，效果如图 3-101 所示。

第 6 步：插入"畅想电脑.png"和"电脑.png"两张图片，改变图片环绕方式并调整位置，把第 2 张图片"下移一层"。插入的三个对象的位置关系如图 3-102 所示。

图 3-101　艺术字效果

图 3-102　添加图形对象效果

第 7 步：创建"￥5168"艺术字。设置【字体】为"黑体"，【字号】为 50，【形状填充】为"无颜色填充"，【形状轮廓】为"无轮廓"，【文本填充】为"深红"，【文本轮廓】为"蓝色"。

第 8 步：创建"全拥有，双核＋正版＋液晶"文本框。设置【字体】为"黑体"，【字号】为 40，【形状填充】为"无颜色填充"，【形状轮廓】为"无轮廓"，【文本填充】为"白色，背景 1"，【文本轮廓】为"绿色"，【文字效果】/【映像】为"半映像，接触"，【字体间距】为"紧缩""28 磅"。

第 9 步：创建一个"爆炸形 1"。设置【形状填充】为"橙色，强调文字效果 6，淡色，80％"，【形状轮廓】为"橙色，强调文字效果 6，淡色，40％"，效果如图 3-103 所示。

第 10 步：创建一个"优惠"文本框。设置【字体】为"黑体"，【字号】为 50【文本填充】为"蓝色（RGB(0,0,255)）"，【文本轮廓】为"浅绿"，【形状轮廓】为"无轮廓"，旋转一定角度后效果如图 3-104 所示。

第11步：调整上面创建的"爆炸形1"和"优惠"文本框位置，使其组合成如图3-105所示效果。

图 3-103　爆炸形

图 3-104　文字效果

图 3-105　合成效果

第12步：绘制如图3-106所示的文本框，执行图形【下移一层】命令，并把它移到页面中间。

> **600元+超值礼包+抽21寸彩电，就在1月1日～5日**
> (凭此彩页可到店面领取百事可乐一瓶，只限一人一次，送完为止。)

图 3-106　文本框效果

第13步：绘制如图3-107所示文本框，设置【字体】为"加粗"，【字号】为40，【字体颜色】为"黑色"。

第14步：创建一个竖向的"畅想天元N6550"艺术字。设置【字体】为"幼圆""加粗"，【字号】为15。添加"●"项目符号，【字体颜色】为"蓝色(RGB(0,0,255))"，执行【文字效果】/【转换】/【弯曲】命令组中的"下弯弧"，调整它的位置和效果。

第15步：绘制如图3-108所示的文本框，设置【形状填充】为"绿色"，【形状轮廓】为"无轮廓"，"畅想集团华东区金牌代理商远东先锋科技"的【文本颜色】为"白色"，【字体】为"加粗"，【字号】为25；"销售地点"的【文本颜色】为"深红"，【字号】为"小四"，"文本左对齐"。

> ● AMD 双核速龙 ^{TM}64 处理器 3600$^+$
> ■ 512MB DDR 内存
> ■ 17 英寸液晶显示器（8ms）
> ■ Windows XP Home 版操作系统
> ■ 80GB 7200转 (串行S-ATA) 硬盘

图 3-107　文本框(1)

> 畅想集团华东区金牌代理商
> 远东先锋科技
> 销售地点：上海市徐汇区漕溪北路41号太平洋数码广场一期×××室　电话：021-64289×××

图 3-108　文本框(2)

第16步：插入"公司图标.png"，改变图片环绕方式并调整位置。

第17步：调整以上所有图形对象的位置，使其如图3-82所示效果。

第18步：保存文件为"产品宣传单.docx"。

任务3　实施制作"组织结构图"

设计目标

· 掌握利用SmartArt图形创建公司组织结构图的操作。

- 掌握修改 SmartArt 图形中元素的操作。

设计思路

- 插入 SmartArt 图形。
- 添加形状并修改形状样式。

设计效果

"组织结构图"设计效果如图 3-83 所示。

操作步骤

第 1 步：新建一个 Word 文档，页面设置默认。

第 2 步：单击【插入】/【插图】/SmartArt 按钮，在弹出的【选择 SmartArt 图形】对话框中选择"层次结构"类型中的"组织结构图"选项，单击【确定】按钮，则在文档中出现如图 3-109 所示组织结构图和对应的【文本】窗格。

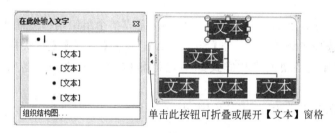

图 3-109　组织结构图和【文本】窗格

第 3 步：选择第 1 个形状，单击【SmartArt 工具】/【设计】/【创建图形】/【添加形状】命令的下三角按钮，在弹出的下拉列表中选择【在上方添加形状】选项，则上方添加了一个形状，如图 3-110 所示。

第 4 步：选择（从上往下数起）第 3 个形状，执行【SmartArt 工具】/【设计】/【创建图形】/【添加形状】/【在前面添加形状】命令，则添加了如图 3-111 所示的形状。

第 5 步：选择第 5 个形状，执行【SmartArt 工具】/【设计】/【创建图形】/【添加形状】/【在后面添加形状】命令，则添加了一个同级形状，如图 3-112 所示。

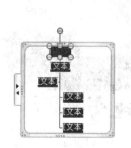
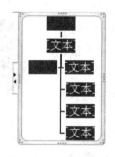
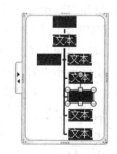

图 3-110　添加一个形状　　　　图 3-111　添加形状　　　　图 3-112　添加同级形状

第 6 步：选择第 6 个形状，执行【SmartArt 工具】/【设计】/【创建图形】/【添加形状】/【在下方添加形状】命令，则添加了一个下一级形状。

第7步：重复第6步操作3次，获得如图3-113所示的效果。

第8步：选择第7个形状，如图3-114所示，执行【SmartArt 工具】/【设计】/【创建图形】/【添加形状】/【在下方添加形状】命令，则添加了一个下一级形状。

第9步：重复第8步操作3次，获得如图3-115所示的效果。

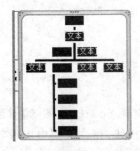 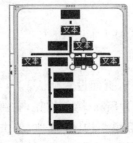 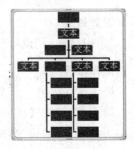

图 3-113　添加 4 个同级形状　　　图 3-114　选择第 7 个形状　　　图 3-115　添加下一级形状

第10步：选择各个形状，输入对应的文本，完成整个组织结构图框架的文本内容。

第11步：选择各级形状，单击【SmartArt 工具】/【格式】/【形状样式】选项卡中的【其他】按钮，在弹出的快速形状样式库中选择相应的样式应用于各级形状，使其效果如图3-83所示。

第12步：保存文件为"组织结构图.docx"。

3.3.4　上机实训

实训1　制作"CD 封面"

实训目的

掌握插入形状、艺术字和文本框的基本操作。

实训内容

制作"CD 封面"，效果如图3-116所示。

实训步骤

- 新建 Word 文档。纸张【自定义大小】，【宽度】为"13 厘米"，【高度】为"12.6 厘米"(也可根据你所用的 CD 封面纸的实际大小设置)。
- 上、下、左、右边距均为"0.2 厘米"，【页眉】【页脚】均为"0 厘米"。
- 单击【插入】/【插图】/【形状】下拉列表中的【椭圆】选项，同时按 Shift 键绘制一个圆形。设置圆的大小为 12(高度)

图 3-116　CD 封面

厘米×12(宽度)厘米，然后执行【绘图工具】/【格式】/【排列】/【对齐】命令下拉列表中的【上下居中】和【左右居中】命令将圆形调整到页面中央。按上述方法再画一个 3.2 厘米×3.2 厘米的小圆，同样调整到页面的中央，使两个圆的圆心重合。

- 设置两个圆的【形状轮廓】为"无轮廓"。
- 选中"大圆"，单击【绘图工具】/【格式】/【形状样式】/【形状填充】命令的下拉列表中的【图片】按钮，将"任贤齐.jpg"作为填充图片。
- 插入艺术字"老地方"和"A"。
- 插入横排的文本框，输入"各首歌名"文字，调整字体大小及颜色，并将文本框的【形状填充】为"无颜色填充"，【形状轮廓】为"无轮廓"，然后将文本框移到适当的位置。
- 移动各图形对象的位置，然后组合。

实训 2　制作"温馨提示牌"

实训目的
掌握插入形状、图片、艺术字等基本操作。

实训内容
制作"温馨提示牌"，效果如图 3-117 所示。

实训步骤
- 在 Word 文档中执行【插入】/【插图】/【形状】选项，在下拉列表中的选择【流程图】类型中的"流程图，资料带"形状，添加阴影并改变阴影颜色。
- 插入"温馨.png"图片和艺术字。
- 插入两个矩形条，用渐变色填充。

实训 3　制作"印章"

实训目的
掌握插入形状和艺术字的基本操作。

实训内容
制作"印章"，效果如图 3-118 所示。

图 3-117　温馨提示牌

图 3-118　印章

实训步骤

- 文档中插入“圆形”形状,设置【形状填充】为“无颜色填充”,【形状轮廓】为“红色”。
- 文档中插入“五角星”形状,设置【形状填充】和【形状轮廓】均为“红色”。
- 插入“杨阳食品有限公司”艺术字,设置【文字效果】/【转换】/【跟随路径】命令组中的“上弯弧”形状,调节艺术字大小、控制柄位置及文字间距,使文字效果符合印章真实感。
- 插入“第二分公司”艺术字,并调整字体、大小和颜色。
- 调整各图形对象的位置,组合所有图形对象。

3.4 样式和模板

3.4.1 任务导入及问题提出

任务1 制作“会议议程”

Word 2010 中有许多模板可以直接套用。现在,请利用 Word 的模板创建一份班主任会议议程的电子文档资料,效果如图 3-119 所示。

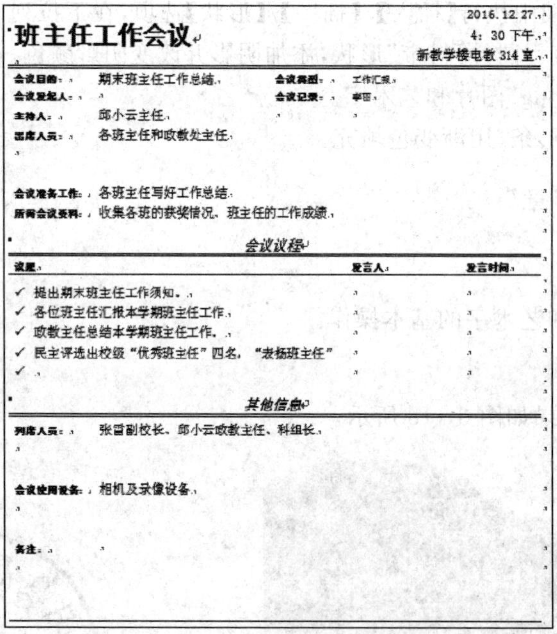

2016.12.27.
4:30 下午.
新教学楼电教 314 室.

班主任工作会议

会议目的: 期末班主任工作总结. 会议类型: 工作汇报.
会议发起人: 会议记录: 李丽.
主持人: 邱小云主任.
出席人员: 各班主任和政教处主任.

会议准备工作: 各班主任写好工作总结.
所需会议资料: 收集各班的获奖情况、班主任的工作成绩.

会议议程

议题	发言人	发言时间
✓ 提出期末班主任工作须知。		
✓ 各位班主任汇报本学期班主任工作.		
✓ 政教主任总结本学期班主任工作.		
✓ 民主评选出校级“优秀班主任”四名,“表扬班主任”		
✓		

其他信息

列席人员: 张雷副校长、邱小云政教主任、科组长.

会议使用设备: 相机及录像设备.

备注:

图 3-119 会议议程的最终效果

任务2 编排“外观一致”的文章

一篇排版美观、完整的文档样式,若套用在其他文档上,既可以节省时间,又可以编排出“外观一致”的文档。下面请按“编排数学论文.docx”中的样式,编排“试论案例教学法.

docx",效果如图 3-120 所示。

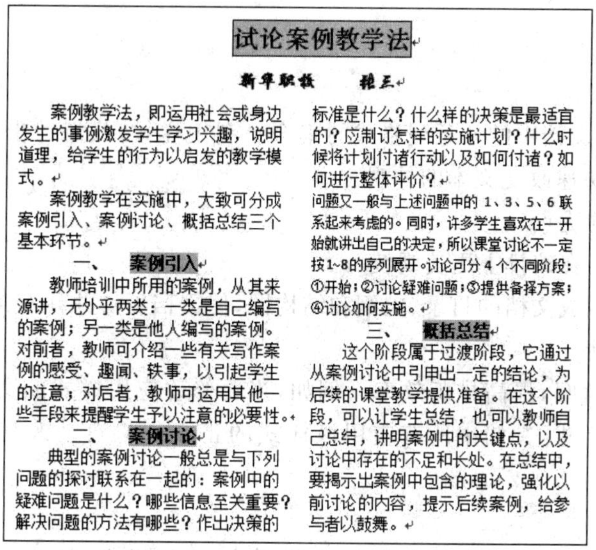

图 3-120 试论案例教学法的编排效果

任务 3 创建"贺卡"模板

节日到了,现代人都喜欢以电子贺卡的形式为亲朋好友们传递自己的真诚祝福。若把自己精心设计的电子贺卡保存为"模板",可以方便日后使用。现在,请你创建一张母亲节贺卡,并以模板的形式保存,方便他人使用,效果如图 3-121 所示。

图 3-121 贺卡效果

问题与思考

- 什么叫样式?
- 如何保存样式和应用样式?
- 什么叫模板?
- 如何创建模板和应用模板?

3.4.2　知识点

1. 样式

1）什么叫样式

样式是保存在文档中的一系列格式的集合。利用样式,只需一步操作即可执行一系列的格式化操作,快速改变文本的外观。

2）使用样式的优点

- 可以使文档在编排上更美观统一。

- 可以自动生成文档的目录、大纲和结构图,使文档更加井井有条,进行编辑和修改时更加快捷。

- 可以节省时间,提高排版效率。例如,当要修改应用样式的文本格式时,只要重新定义该样式,文档中所有应用该样式的正文都将自动改变,这将大大减少工作量。

3）样式的应用

应用样式时主要包括应用段落样式、字符样式、表格样式、列表样式等。它们的应用特性如下。

- 段落样式:运用于整个段落,包括影响段落外观的格式化的各个方面,如对齐、缩进、上(下)间距、制表位、边框等。每一个段落有一个样式,默认的段落样式是 Normal。

- 字符样式:以字符为最小单位套用的样式,可以方便地套用于选取的任意文字,套用样式可以影响选定文本的外观,包括字体、字号、下划线、粗体等。

- 表格样式:只有选取表格时,才可以使用该类样式。此类样式不会显示在样式列表中,而显示在【表格工具】/【设计】/【表样式】组中,可以为表格的边框、阴影、对齐方式和字体等提供一致的外观。

- 列表样式:只有选取的内容包含列表设置时,该选项才会可选,可以为列表应用相似的对齐方式、编号、项目符号以及字体等。

4）使用样式

（1）利用【样式】库设置样式。选择需要应用样式的段落或者将光标定位于其中,单击【开始】/【样式】命令组右边的【其他】按钮,即可在展开的【样式】库中选择和应用需要的样式,如图 3-122 所示。

（2）利用【样式】任务窗格设置样式。如果所需的样式未显示在【样式】库列表中,可以单击【开始】/【样式】命令组右下角的【对话框启动器】按钮,弹出【样式】任务窗格,从中选择所需要的样式,即可完成内置样式的应用。在该窗格中列出了系统自带的各种样式,将鼠标指针移动到某个选项上,系统会自动显示详细的说明,如图 3-123 所示。

5）创建新样式

（1）直接创建新样式。单击【样式】任务窗格中的【新建样式】按钮,弹出【根据格式设置创建新样式】对话框,如图 3-124 所示。

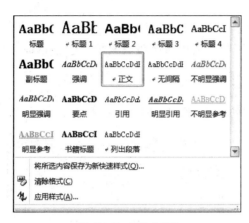

图 3-122　【样式】库

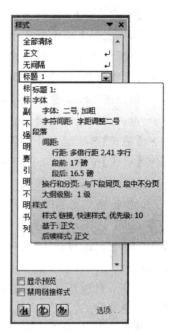

图 3-123　【样式】任务窗格

图 3-124　【根据格式设置创建新样式】对话框(1)

- 【名称】文本框：用于输入新建样式的名称。

注：名称不能与内置的样式同名。

- 【样式类型】下拉列表：用于选择样式类型。

- 【样式基准】下拉列表：在该下拉列表中列出了当前文档中所有样式,如果要创建的样式与文档中的某个样式相似,那么可以选择列表中已有的样式,新建样式便会继承该样式中的格式,只需稍做修改,便可快速创建新的样式。
- 【后续段落样式】下拉列表：在该下拉列表中列出了当前文档中所有样式,其作用是在按 Enter 键后,转到下一段落时自动套用的样式,避免了每到一个段落就设置一次样式的麻烦。
- 【格式】选项组：用于设置字体、段落的常用样式。
- 【格式】按钮：单击该按钮,在弹出的下拉列表中选择设置对象。包括边框、制表位、编号、文字效果等。

(2) 根据格式文本的现有外观创建新样式。

第 1 步：选择要创建为新样式的文本。例如,选择编排书稿中的"第 3 章 Office 2010 简介"文本,它已经设置为"黑体、二号、加粗,段落居中"的格式。

第 2 步：对所选文本右击,从弹出的快捷菜单中选择【样式】/【将所选内容保存为新快速样式】选项,然后打开如图 3-125 所示【根据格式设置创建新样式】对话框。

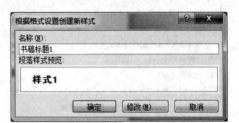

第 3 步：在【名称】文本框中为样式提供

图 3-125　【根据格式设置创建新样式】对话框)(2)

一个名称,例如"书稿标题 1",然后单击【确定】按钮。随后,打开【样式】库下拉列表,将发现里面增加了一个名为"书稿标题 1"的样式。

注：保存文档后,它所使用的样式也被保存。

6) 修改样式属性

要修改某个样式的属性,先打开【样式】任务窗格,然后把鼠标指针停留在列表中某个样式上,单击其右边的 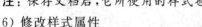 按钮,在弹出的快捷菜单中选择【修改样式】选项,打开【修改样式】对话框,在此对话框中完成所需修改后,单击【确定】按钮。

7) 删除样式

(1) 从【快速样式库】中删除样式：右击【样式】库中需要删除的样式,选择快捷菜单中【从快速样式库中删除】选项。

(2) 从【样式】任务窗格中删除样式：鼠标指向【样式】任务窗格中需要删除的样式,单击其右边的 按钮,在弹出的列表中选择【删除】选项,在弹出的对话框中单击【是】按钮,于是,此样式被彻底删除。

注：从【快速样式库】中删除的样式,只是不显示在【快速样式库】中,但它仍然存在于【样式】任务窗格中,随时可从【样式】任务窗格中【添加到快速样式库】。

2. 模板

1) 什么叫模板

所谓模板,是 Word 中按特定要求对文档的不同部分预先设置好一定格式的、具有外观架构的特殊文档。在 Word 2010 中，模板文件的扩展名为".dotx"或".dotm"（后一个类型允许在文件中启用宏）。

2）应用模板

（1）基于模板创建文档。每次启动 Word 2010 时都会默认地打开 Normal.dotm 模板，该模板中包含了决定文档基本外观的默认样式和自定义设置。如果没有特殊要求，对于一般性的 Word 文档，使用 Normal.dotm 模板就足够了。如果要在 Word 自带的模板基础上创建文档，可进行以下操作。

第1步：执行【文件】/【新建】命令，在屏幕的中间可以看到各种模板，直接拖动滚动条选择需要的模板。如果没有所需要的模板，则可在中间的 Office.com 模板搜索框中输入模板关键字进行搜索，例如，拟设计一份邀请函。在搜索框中输入"邀请函"，并单击右侧的→按钮开始搜索。

第2步：在搜索出的诸多"邀请函"模板中，选中自己需要的模板，右侧会弹出对应的模板预览窗口，单击下方的【下载】按钮即可开始下载该模板，如图 3-126 所示。

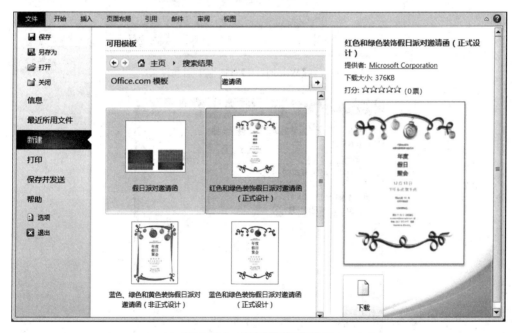

图 3-126　搜索"邀请函"模板

第3步：在文档中输入具体内容，并保存文档。

（2）为现有的文档更换模板。为已经创建的文档更换模板，具体操作步骤如下。

第1步：打开要更换模板的文档。

第2步：执行【文件】/【选项】命令，弹出【Word 选项】对话框。

第3步：选择【Word 选项】对话框中的【加载项】选项，打开【加载项】设置窗格，在【管理】下拉列表中选择【模板】选项，如图 3-127 所示，单击【转到】按钮，弹出【模板和加载项】对话框，如图 3-128 所示。

第4步：单击【模板】选项卡中的【文档模板】文本框右边的【选用】按钮，打开【选用模

图 3-127　在【Word 选项】对话框中加载模板

图 3-128　【模板和加载项】对话框

板】对话框,从【选用模板】对话框中选择模板,单击【打开】按钮,返回【模板和加载项】对话框。

第 5 步:在【模板和加载项】对话框中选中【自动更新文档样式】复选框,单击【确定】按钮,则文档就启用新的模板了。

(3) 为当前文档套用其他模板中的样式。如果要想应用模板中的样式,此时将涉及对模板中样式的管理。其具体操作是:先选中要应用模板中样式的文本,单击【样式】任务窗格中的【管理样式】按钮，在弹出的【管理样式】对话框（如图 3-129 所示）中单击【导入/导出】按钮，弹出【管理器】对话框，如图 3-130 所示。可以通过单击【关闭文件】和【打开文件】按钮，在打开的窗口中选择模板或文档。在左侧和右侧的两个列表框中选择样式，通过【复制】【删除】【重命名】按钮对样式进行相应的操作。

图 3-129　【管理样式】对话框

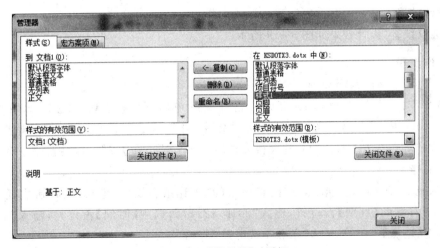

图 3-130　【管理器】对话框

3）创建模板

（1）从空白文档开始创建模板

第 1 步：执行【文件】/【新建】命令，在【可用的模板】命令中执行"空白文档"，然后单击【创建】按钮。

第 2 步：根据需要对边距设置、页面大小、方向、样式及其他格式进行更改。

第 3 步：执行【文件】/【保存】命令，在弹出的【另存为】对话框中，选择【保存类型】为"Word 模板"选项，并指定新模板的文件名称，单击【保存】按钮，则默认位置将出现一个模板文件(扩展名为.dotx 的文件)。

(2) 基于现有模板或文档创建新模板。

第 1 步：执行【文件】/【新建】命令，在【可用的模板】中执行【根据现有内容新建】命令，弹出【根据现有文档新建】对话框，单击与要创建的模板相似的模板，然后单击【新建】按钮。

第 2 步：根据需要对边距设置、页面大小、方向、样式及其他格式进行更改。

第 3 步：执行【文件】/【另存为】命令，在弹出的【另存为】对话框中，选择【保存类型】为"Word 模板"选项，并指定新模板的文件名称，单击【保存】按钮即可。

3.4.3　任务实施步骤

任务 1　实施制作"会议议程"

设计目标

通过制作"会议议程"，掌握如何套用 Word 2010 中模板的操作方法。

设计思路

- 套用 Word 2010 的【会议议程】模板。
- 修改模板中的文字。

设计效果

"会议议程"设计效果如图 3-119 所示。

操作步骤

第 1 步：启动 Word 2010 应用程序。

第 2 步：(在保证 Internet 正常接通情况下)执行【文件】/【新建】命令，在弹出的【Office.com 模板】右侧的文本框中输入关键字"非正式会议议程"，单击【开始搜索】按钮 ，弹出如图 3-131 所示的新建模板文档界面，单击【下载】按钮，即会新建一个兼带模板的新文档。

第 3 步：把光标定位在标题处，将原来的"工作组会议"标题修改为"班主任工作会议"，选中右侧的【日期】占位符，输入"2016.12.27"，选中【时间】占位符，输入"4:30 下午"，选中【地点】占位符，输入"新教学楼电教 314 室"。

第 4 步：在【会议目的】后输入"期末班主任工作总结"；在【会议类型】后输入"工作汇报"；在【会议记录】后输入"李丽"；在【主持人】后输入"邱小云主任"；在【出席人员】后输入"各班主任和政教处主任"；在【会议准备工作】后输入"各班主任写好工作总结"；在【所需会议资料】后输入"收集各班的获奖情况、班主任的工作成绩"；在【会议议程】一栏输入图 3-119 所示内容；在【列席人员】后输入"张雷副校长、邱小云政教主任、科组长"；在【会议使用设备】后输入"相机及录像设备"。

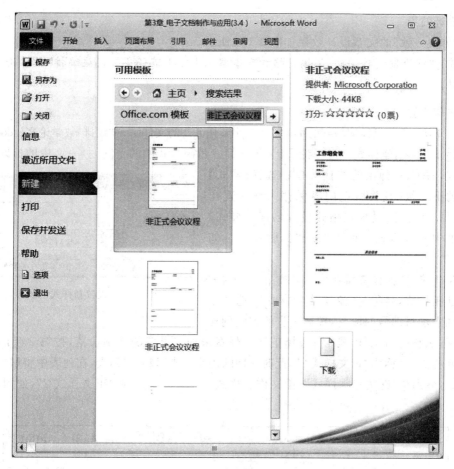

图 3-131　新建模板文档界面

第 5 步：除主标题和次标题外，选中所有其他文字，在浮动工具栏中，将【字体】设为"宋体"，【大小】设为"小四"。

第 6 步：选中冒号前面的文字（含冒号）进行"加粗"操作，最终效果如图 3-119 所示。

第 7 步：按 Ctrl＋S 组合键进行保存，在弹出的【另存为】对话框中，以"会议议程.docx"保存。

任务 2　实施编排"外观一致"的文章

设计目标

- 掌握创建样式的方法。
- 掌握为现有文档选用模板，从而编排"外观一致"的文章。

设计思路

- 打开"编排'数学论文'.docx"，创建各种样式，另存为"论文模板.dotx"。
- 打开"试论案例教学法.docx"，应用样式并保存文件。

设计效果

"外观一致"的文章设计效果如图 3-120 所示。

注："试论案例教学法"的编排格式和本章 3.1.3 小节任务 3 实施编排"数学论文"格式一样。

操作步骤

第 1 步：打开已经编辑好的本章 3.1.3 小节任务 3 的文件——"编排'数学论文'.docx"。

第 2 步：创建样式。选择论文《关于化简三角函数式的两个问题》一文中的标题文字及格式，右击，在弹出的快捷菜单中选择【样式】选项的下一级的【将所选内容保存为新快速样式】选项，在打开的【根据格式设置创建新样式】对话框中输入样式名称为"论文标题样式"，如图 3-132 所示。

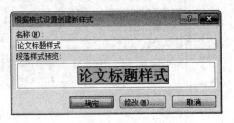

图 3-132　设置新样式的名称

第 3 步：选择作者所在段落，按第 2 步的方法创建新样式，名称为"论文作者样式"；选择正文中加上项目编号的段落，按第 2 步的方法创建新样式，名称为"正文样式 1"；选择正文中任意未加粗设置的文本段落，按第 2 步的方法创建新样式，名称为"正文样式 2"，此时，打开【快速样式库】下拉列表，在列表中将增加四个新样式，分别是"论文标题样式""论文作者样式""正文样式 1"和"正文样式 2"，如图 3-133 所示。

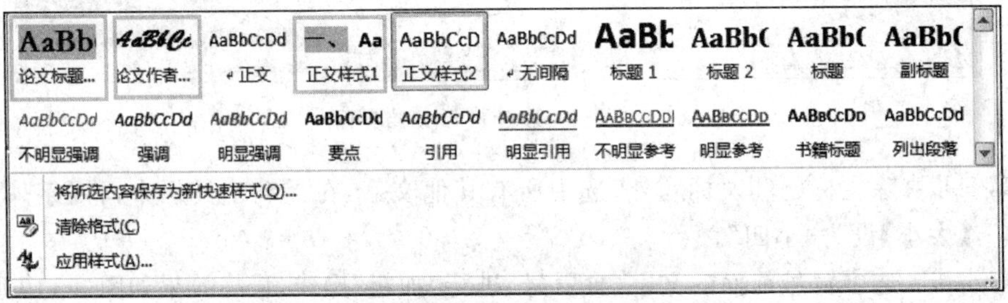

图 3-133　【快速样式库】中增加的四个样式

第 4 步：保存样式和模板。执行【文件】/【另存为】命令，弹出【另存为】对话框，在【另存为】对话框中，指定新模板的文件名为"论文模板"，并在【保存类型】下拉列表中选择"Word 模板"选项，单击【保存】按钮。

第 5 步：关闭"论文模板.dotx"。

第 6 步：打开"试论案例教学法.docx"。

第 7 步：执行【文件】/【选项】命令，在弹出的【Word 选项】对话框左栏选择【加载项】选项，同时在下方的【管理】下拉列表中选择【模板】选项，接着单击【转到】按钮，出现【模板和加载项】对话框。

第 8 步：单击【模板】/【文档模板】文本框右边的【选用】按钮，打开【选用模板】对话框，从【选用模板】对话框中选择【论文模板】选项，单击【打开】按钮，返回【模板和加载项】

对话框。

第 9 步：在【模板和加载项】对话框中选中【自动更新文档样式】复选框，单击【确定】按钮，则文档就启用了"论文模板"。

第 10 步：选择论文标题，单击【快速样式库】中的"论文标题样式"，则把此样式应用在标题段中，同理，把"论文作者样式"应用在作者所在段落；把"正文样式 1"和"正文样式 2"分别应用在正文中。

第 11 步：选择所有正文段落，单击【页面布局】/【页面设置】/【分栏】/【两栏】按钮，把正文分为两栏，效果如图 3-120 所示。

第 12 步：按 Ctrl＋S 组合键，保存应用了"论文模板"的"试论案例教学法.docx"。

任务 3　实施创建"贺卡"模板

设计目标

通过制作"贺卡"，将其设为模板的操作方法，方便以后使用。

设计思路

- 制作贺卡文档。
- 保存为自己的新模板。

设计效果

"贺卡"模板设计效果如图 3-121 所示。

操作步骤

第 1 步：新建 Word 文档。

第 2 步：单击【页面布局】/【页面设置】命令组中的【对话框启动器】按钮，打开【页面设置】对话框，选择【页边距】选项卡，将上、下、左、右边距均设置为"1 厘米"；选择【纸张】选项卡，在【纸张大小】下拉列表框中选择【日式明信片】；选择【版式】选项卡，设置【页眉】和【页脚】均为"0 厘米"，单击【确定】按钮。

第 3 步：单击【页面布局】/【页面背景】/【页面边框】按钮，在弹出的对话框中设置用【艺术型】做页面边框，【宽度】为"13 磅"，单击右边的【选项…】按钮，在弹出的【边框和底纹选项】对话框中调整边框图案与页边距的位置，效果如图 3-134 所示。

第 4 步：单击【插入】/【插图】/【图片】按钮，在文档中插入"贺卡.png"。

第 5 步：在【图片工具】的【格式】选项卡中的【图片样式库】下拉列表中选择【剪裁对角线，白色图片样式】选项。

第 6 步：插入"无轮廓"和"无填充颜色"的文本框，文本框的具体内容如图 3-121 所示，其【字体】设置为"小四""加粗"。

第 7 步：单击【插入】/【文本】/【艺术字】按钮，在弹

图 3-134　设置边框图案的位置

出的下拉列表中选择第6行第3列的【快速样式】，输入"母亲节快乐！"。

第8步：选择"母亲节快乐！"艺术字，执行【格式】/【艺术字样式】/【文字效果】/【转换】/【双波形2】命令，使其效果如图3-121所示。

第9步：执行【文件】/【保存】命令，在【另存为】对话框中，选择【保存类型】为"Word模板"，在【文件名】文本框中输入"贺卡模板"，单击【保存】按钮，则指定位置将出现一个文件"贺卡模板.dotx"。

第10步：关闭模板。

3.4.4　上机实训

实训1　制作"日历"

实训目的

掌握套用Office网站中的模板的操作。

实训内容

制作2017年"日历"，效果如图3-135所示。

图3-135　2017年"日历"

实训步骤

- 套用【Office.com模板】下的日历，搜索【日历】，选择【2013年企业日历（周日到周六）】的类型。
- 更改左上角的公司徽标、右上角图片、年度编号、各月日期和右下角网址内容。

实训 2　制作"员工手册"

实训目的

- 掌握模板修改、应用操作。
- 巩固页面、页眉和页脚设置操作。
- 了解提取目录的方法。

实训内容

制作"员工手册",效果如图 3-136 所示。

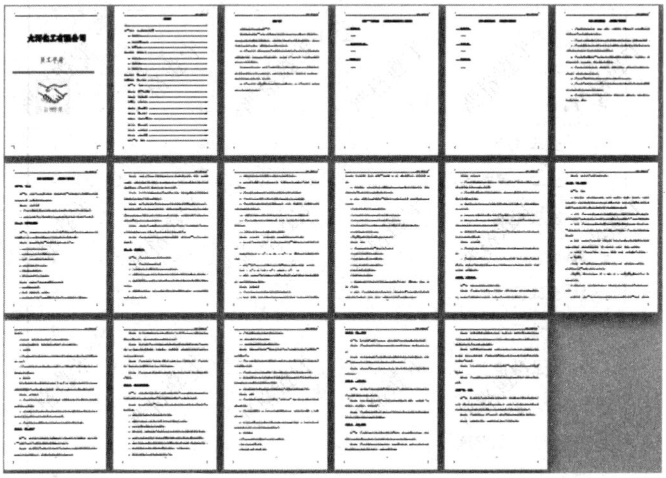

图 3-136　"员工手册"全貌

实训步骤

- 打开素材"员工手册.docx"。
- 页面设置:设置【纸张大小】为 A4,上、下、左、右边距均为"2 厘米"。
- 执行【页面设置】/【页面背景】/【水印】/【自定义水印】/【文字水印】命令,为全文添加"严格遵守"水印。
- 执行【插入】/【页眉和页脚】/【页眉】/【编辑页眉】命令,先勾选【首页不同】选项,然后在第 2 页页面的顶端右侧添加"大河化工有限公司"页眉;执行【插入】/【页眉和页脚】/【页眉】/【编辑页脚】命令,为全文页面底端添加页码。
- 执行【插入】/【页】/【分页】命令,对"前言"和"各部分"文本分页操作。
- 把鼠标指针定于"前言"文本左侧,执行【插入】/【页】/【空白页】命令,制作"员工手册"封面,效果如图 3-137 所示。

图 3-137　"员工手册"封面

- 修改【标题 1】样式格式：【字体】为"黑体"，【字号】为"小一"，【段落】为"居中"；修改【标题 2】样式格式：【字号】为"四号"，【段落】为"左对齐"；把【标题 1】样式应用于文档中"前言"和"各部分"内容中；把【标题 2】样式应用在文档中二级标题文本中。

- 把鼠标指针定于"前言"文本左侧，执行【插入】/【页】/【空白页】命令，在新的一页中输入"目录"文本，【字号】为"小一"，【段落】为"居中"；鼠标指针移到"目录"后，执行【引用】/【目录】/【插入目录】命令，在弹出的【目录】对话框中设置【显示级别】为 2，调整【字号】和【段落】的【行间距】，效果如图 3-138 所示。

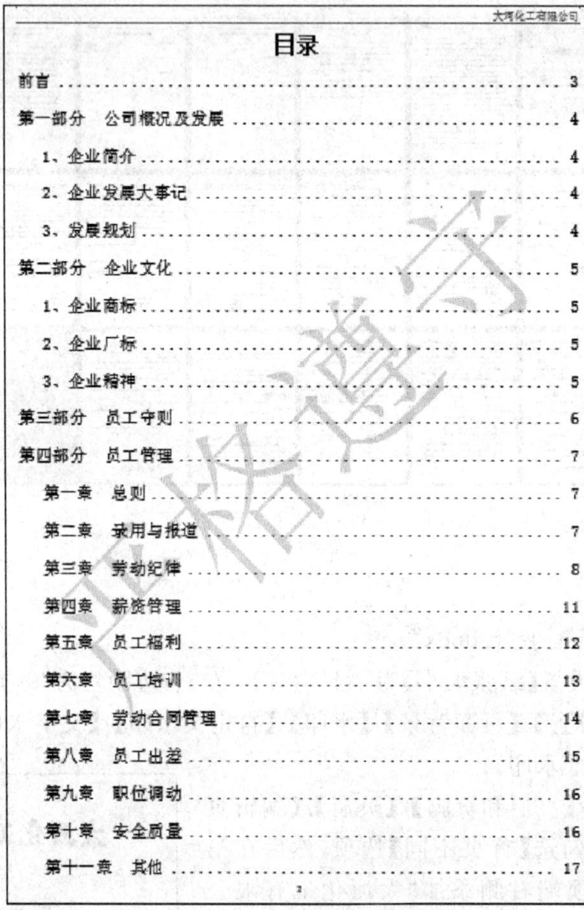

图 3-138　"员工手册"目录

实训 3　制作"自荐书"

实训目的

掌握自制模板和样式的操作。

实训内容

制作"自荐书"，版式自拟。

实训步骤

- 页面设置。
- 编辑页眉和页脚内容。
- 创建自荐书封面。
- 输入自荐书中相应的文本内容，并设置文本样式。

文档保存为"自荐书模板"，方便其他用户使用自荐书。

实训 4　批量打印"奖状"

实训目的

掌握 Word 邮件合并操作。

实训内容

制作"奖状背景"后，利用 Word 邮件合并功能批量打印奖状，效果如图 3-139 所示。

图 3-139　学生奖状

实训步骤

- 新建一个 Word 空白文档，设置【纸张大小】为"16 开 184 毫米×264 毫米"，上、下、左、右边距和页眉页脚均为"0 厘米"。
- 插入"矩形"形状，并用素材"奖状背景.jpg"填充形状。
- 插入"文本框"形状，输入奖状内的文本内容，文本框设置"无轮廓"和"无颜色填充"，效果如图 3-140 所示。

图 3-140　奖状主文档效果

- 执行【邮件】/【开始邮件合并】/【选择收件人】/【使用现有列表】命令,在弹出的【选取数据源】窗口,找到素材"获奖名单.xlsx",单击【打开】按钮,在弹出的【选择表格】窗口中选择 sheet1＄,单击【确定】按钮。

- 返回 Word 2010 编辑窗口,将光标定位到奖状中需要插入数据的位置,执行【邮件】/【编写和插入域】/【插入合并域】命令,在下拉菜单中单击相应的选项,将数据源一项一项插入奖状相应的位置,效果如图 3-141 所示。

图 3-141 　【插入合并域】效果

- 执行【邮件】/【完成并合并】/【打印文档】命令,打印全部学生奖状。
- 文件保存为"批量打印'奖状'.docx"。

第 4 章

电子表格的制作与应用

Excel 2010 是 Office 2010 中的组件之一,它是一款专门用于制作电子表格、计算与分析数据的应用软件。通过该软件可以方便地制作统计、财务、会计、金融和贸易等方面的各种电子表格,以及进行烦琐的数据计算,该软件还具有强大的数据管理功能。运用数据管理功能,可以按多种方式对表格中的数据进行排序、筛选符合条件的数据、分类汇总数据。为了使表格的界面更加美观、数据更加直观,常常为表格添加图表。本章将介绍 Excel 2010 的各种基本操作,以及使用 Excel 2010 处理和制作表格的方法。

本章主要内容

- Excel 2010 基本操作;
- 公式与函数的应用;
- 数据管理及图表的应用。

能力培养目标

要求学生熟练掌握 Excel 的基本操作方法、建立和美化电子表格、计算和统计分析电子表格数据、创建图表等方面的操作技能,会使用 Excel 2010 处理和制作表格。

4.1 Excel 的基本操作

4.1.1 任务导入及问题提出

任务 1 制作"职工基本情况表"

制作"职工基本情况表",出生年月用"××××年××月"的形式显示,联系电话用文本的形式显示,设计效果如图 4-1 所示。

职工基本情况表

职工编号	姓名	性别	职称	学历	年龄	参加工作时间	联系电话
50001	郑含因	女	教授	研究生	58	1972年6月10日	2567891
50002	李海儿	男	副教授	本科	37	1993年6月22日	3456124
50003	李静	女	讲师	本科	34	1996年8月18日	2314950
50004	马东升	男	讲师	本科	31	2000年9月21日	2280369
50005	钟尔慧	男	讲师	本科	37	1993年7月10日	2687654
50006	李文如	女	副教授	研究生	47	1985年1月18日	7894231
50007	林寻	男	教授	博士	52	1978年6月15日	5478453
50008	宋成城	男	副教授	本科	40	1990年3月3日	6678354
50009	王晓宁	男	助教	本科	30	2000年2月15日	4129874
50010	钟成梦	女	助教	本科	46	1984年5月30日	2331490

图 4-1 职工基本情况表的效果

任务 2　制作"客户基本信息表"

制作"客户基本信息表",出生日期用"2017/2/26"的形式显示,邮编和联系电话用文本形式显示,并应用 Excel 自带的表样式,设计效果如图 4-2 所示。

客户基本信息表

客户名	姓名	性别	出生日期	通信地址	邮编	联系电	Email地址
博大商场	马奋菲	女	1969/10/2	郑州市汝河路7号	451021	3457968	mff@163.com
诚信超市	魏新宇	男	1973/8/15	郑州市前进路8号	464012	5800976	wxy@sina.com
家福超市	张晓南	男	1968/11/6	郑州市经三路6号	430125	8646598	zxn@sohu.com
莲荼超市	刘晓萍	女	1970/1/24	郑州市纬四路5号	430027	2368745	yjp@tom.com
欧亚商城	彦桂敏	女	1971/12/3	郑州市淮河路8号	450003	3098900	ygm@126.com
万林商场	史文勉	男	1970/2/19	郑州市商都路6号	465072	7543213	sgm@sohu.com
伟岸超市	贾维奇	男	1976/4/13	郑州市北临路4号	431008	7560988	wjwq@163.com
信达超市	李佩民	男	1965/5/18	郑州市建设路3号	450523	3712345	lip@126.com
制表人:李平						制表日期:2017年3月6日	

图 4-2 客户基本信息表的效果

任务 3　制作"学员基本情况表"

制作"学员基本情况表",出生日期和参加工作时间用年、月、日的形式显示。表头设为"黄色"背景,字段设为"蓝色"背景,并加"12.5%灰色"的图案样式,设计效果如图 4-3 所示。

问题与思考

- 如何新建、保存和打开工作簿?
- 如何给工作簿中添加一张工作表,并将其重命名?
- 如何设置单元格的数字格式?
- 如何给单元格设置边框和底纹?
- 如何给工作表添加图片背景?

学员基本情况表

学号	姓名	出生年月	性别	家庭住址	联系电话	报学科目
201701	李小龙	1991年2月	男	深圳	2334568	书法
201702	张小欣	1990年4月	男	东莞	2657978	钢琴
201703	梁文青	1990年12月	女	珠海	3456125	绘画
201704	刘佳	1992年7月	女	广州	2314960	书法
201705	韩伟	1991年5月	男	广州	2280359	绘画
201706	赵子张	1991年7月	男	顺德	2687956	舞蹈
201707	梁天成	1991年8月	男	江门	7896123	舞蹈
201708	刘小庆	1991年3月	女	汕头	6479632	钢琴
201709	程甜甜	1991年11月	女	中山	6678354	书法
201710	王文祥	1992年5月	男	梅州	2331490	舞蹈

图 4-3　学员基本情况表的效果

4.1.2　知识点

1. Excel 2010 的工作界面

Excel 2010 的工作界面与 Word 2010 的很相似,但是由于主要处理对象的不同,两者的具体按钮和选项也存在一些差异。执行【开始】/【所有程序】/Microsoft Office/Microsoft Excel 2010 命令或者双击桌面的 Excel 快捷图标，即可启动 Excel 2010,进入其工作界面,如图 4-4 所示。

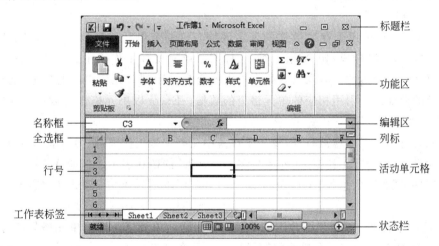

图 4-4　Excel 2010 的工作界面

1)名称框

名称框用来定位和选中单元格。如果选取多个单元格,则在进行选取时显示选取的范围,选中后只会显示起始单元格的位置。

2)编辑区

编辑区用于编辑所选单元格中的数据。如果直接在单元格中进行编辑,此处会显示单元格中的内容。

3）活动单元格

单元格是表格的最小组成部分。活动单元格表示当前被选中的、处于活动状态的单元格。可以编辑活动单元格中的数据，也可以进行移动或复制单元格等操作。

4）全选框

单击全选框![]可以快速选取整张工作表，其快捷键是 Ctrl＋A 组合键。

5）工作表标签

工作表标签用来显示一个工作簿中的各张工作表的名称。单击名称，可以切换到不同的工作表。当前工作表以白底显示，其他的以浅蓝色底纹显示，如图 4-5 所示。

当前工作表 ——  —— 其他工作表

图 4-5　工作表标签

6）列标

列标是工作表区上面的一组代表列的英文字母。单击某一列标可选择整列单元格。

7）行号

行号是工作表区左侧的一组代表行的阿拉伯数字。单击某一行号可选择整行单元格。

2. Excel 2010 的基本术语

1）单元格

单元格是 Excel 用于存放数据的基本区域。每一个单元格都有一个固定的地址编号，由"列标＋行号"构成，如 A1、F5 等，它标明了单元格在工作表中的空间位置。F5 即表示 F 列第 5 个单元格。在 Excel 的应用中不会直接用到单元格里面的数据，而是通过这个固定的地址编号引用相应的单元格里的数据。Excel 以单元格作为数据处理的基本单位。

若同时有多张工作簿被打开，每个工作簿中又有多张工作表，则为了准确表示具体是哪个单元格，可以用"［工作簿］工作表！单元格地址"的格式表示。例如，【单位职工信息】工作簿文件中【职工信息表】工作表的 D2 单元格，可以用"［单位职工信息］职工信息表！D2"表示。

- 活动单元格：被粗黑框包围的单元格称为活动单元格。活动单元格只能有一个，是工作表中当前正在进行编辑操作的单元格。
- 单元格区域：被同时选定的若干个单元格称为单元格区域。
- 填充柄：位于单元格区域右下角的黑色小方块叫作填充柄。当鼠标指针指向填充柄时，其指针形状变成黑十字形状。执行快速复制操作时需要使用填充柄。

2）工作表

工作表是 Excel 用于存储和处理数据的一组单元格集合，即一张电子表格。一张工作表可以包含 1048576 行、16384 列，即 1048576×16384 个单元格。每张工作表有一个工作表标签，单击相应的工作表标签可实现工作表之间的切换操作。当前工作表标签呈白色，其他则呈灰色。

工作表标签左侧的四个图标如图 4-6 所示,利用这四个图标可以实现工作表之间的切换。也可按 Ctrl+PgDn 和 Ctrl+PgUp 组合键实现切换。

3) 工作簿

一个 Excel 文件就是一个工作簿,一个工作簿可以包含多张工作表,也可以只有一张工作表,最多可以有 255 张工作表。第一次启动时系统默认为三张工作表。右击工作表标签,将弹出如图 4-7 所示的快捷菜单,可执行【插入】命令插入新的工作表,还可以对工作表进行删除、重命名、移动和复制等操作。

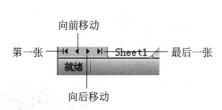

图 4-6　用工作表标签实现工作表之间的切换

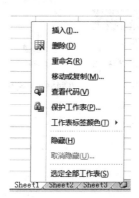

图 4-7　工作表标签操作菜单

4) 单元格区域

单元格区域是多个相邻单元格的集合。它通过区域左上角和右下角的单元格表示,如"A1：B3"表示以 A1 单元格和 B3 单元格为对角点的矩形单元格区域,包含了 A1、A2、A3、B1、B2、B3 六个单元格。

3. 工作簿的基本操作

工作簿就是 Excel 文件。在 Excel 2010 中操作工作簿的方法与在 Word 2010 中操作文档的方法相似,工作簿的基本操作包括新建、保存、打开和关闭等。

1) 新建工作簿

在电子表格的制作过程中有时需要新建工作簿。新建工作簿的方法有两种,一种是新建空白工作簿;另一种是利用模板新建工作簿。

(1) 新建空白工作簿。启动 Excel 2010,系统将自动新建一个空白工作簿。若需要新建其他工作簿,可单击【文件】选项卡的【新建】命令,然后双击【空白工作簿】或单击【创建】命令创建工作簿,如图 4-8 所示。新建多个工作簿时,Excel 2010 依次将它们命名为"工作簿 1""工作簿 2""工作簿 3"等,保存时可分别重命名。

(2) 利用模板新建工作簿。Excel 2010 提供了许多模板,它们都是格式和内容已事先设计好的工作簿,用户根据需要填入相应的内容即可,这样可极大地提高工作效率。其操作方法:在 Excel 2010 工作界面中单击【文件】选项卡的【新建】命令,如图 4-9 所示,在中间的窗格中选择合适的模板,然后单击【创建】按钮。

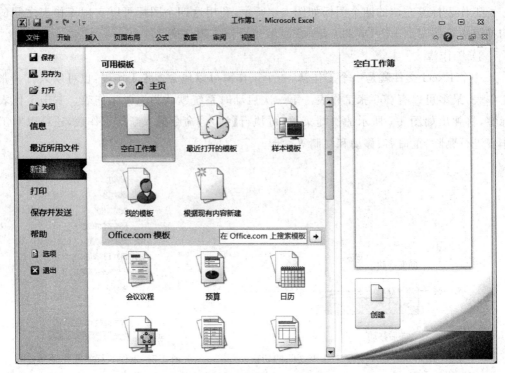

图 4-8　新建空白工作簿

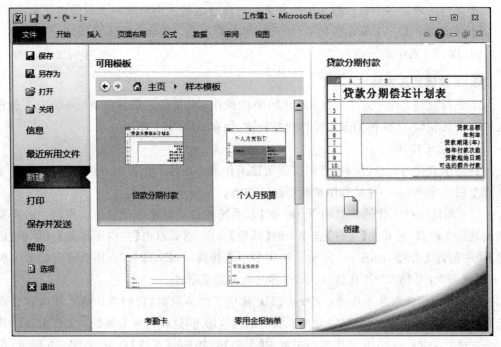

图 4-9　利用模板新建工作簿

2）保存工作簿

工作簿编辑好后需要对其进行保存，以方便随时查阅和编辑。保存工作簿的具体操作步骤如下。

（1）单击【快速访问工具栏】中的【保存】按钮 或单击【文件】选项卡的【保存】按钮或按 Ctrl+S 组合键。

（2）如果是第 1 次保存，则会弹出【另存为】对话框，如图 4-10 所示。

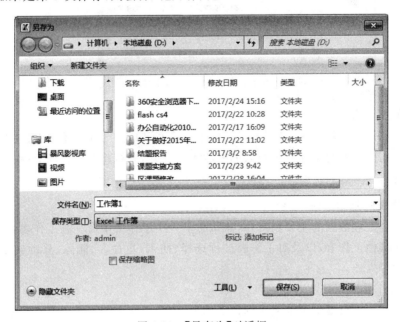

图 4-10　【另存为】对话框

（3）在【保存位置】下拉列表中设置好文件保存的位置。

（4）在【文件名】下拉列表中输入保存文件的名字，在【保存类型】下拉列表中选择【Excel 工作簿】选项。

（5）单击【保存】按钮，系统默认保存为"Excel 工作簿"类型，扩展名为". xlsx"。

为了有效地防止计算机突然断电或系统损害等意外情况造成数据丢失，可以设自动保存工作簿。其操作方法：执行【文件】/【选项】命令，打开如图 4-11 所示的【Excel 选项】对话框，选择【保存】选项卡，在【保存工作簿】栏中选中【保存自动恢复信息时间间隔】复选框，在其后的数值框中输入"10"，然后单击【确定】按钮，则 Excel 文件会每隔 10 分钟自动保存一次。

3）打开工作簿

要查阅工作簿的内容必须先打开工作簿。打开工作簿的常用方法有两种：一种是双击文件直接打开或通过执行【文件】/【打开】命令打开；另一种是以只读方式打开工作簿。以只读方式打开工作簿只能查阅，不能在其中进行编辑。其操作方法是执行【文件】/【打开】命令，在【打开】对话框中，再单击【打开】按钮右侧的 按钮，在弹出的下拉菜单中选择【以只读方式打开】选项，那么打开的工作簿文件名后会出现【只读】字样。

图 4-11　设置自动保存时间

4) 关闭工作簿

关闭工作簿的操作方法：单击标题栏右侧的【关闭】按钮或执行【文件】/【退出】命令。但是若在关闭前没有对工作簿中所做的修改进行保存，系统将打开询问对话框，询问是否保存工作簿。

4. 工作表的基本操作

工作表是处理数据的主要场所，默认状态下一个工作簿中有三张工作表，根据需要还可以再插入其他工作表，以及对工作表进行选择、插入、重命名、删除、移动或复制、保护、隐藏或显示等操作。

1) 选择工作表

在对工作表进行编辑之前应先选择工作表，选择工作表的方式主要有以下几种。

- 选择单张工作表：直接用鼠标单击工作表标签可选择一张工作表。
- 选择多张连续的工作表：选择第 1 张工作表标签，然后在按住 Shift 键的同时单击另一张工作表标签，可选择包括这两张工作表和它们之间的所有工作表。
- 选择多张不连续的工作表：按住 Ctrl 键的同时依次单击工作表标签可选择不相邻的多张工作表。
- 选择工作簿中的全部工作表：在任意一个工作表标签上右击，在弹出的快捷菜单中执行【选定全部工作表】命令，可选择工作簿中的全部工作表。

2) 插入工作表

插入工作表的方法有单击按钮、使用快捷菜单命令和选择选项三种，可以根据使用习惯选择插入工作表的方法。

- 单击按钮：单击工作表标签后的【插入工作表】按钮 可快速插入新工作表。
- 使用快捷菜单命令：选择一张工作表，在其工作表标签上右击，在弹出的快捷菜单中执行【插入】命令，会打开【插入】对话框。在列表框中选择【工作表】选项后单击【确定】按钮，插入的工作表将变为当前操作的工作表，并出现在选择的工作表标签之前。
- 选择选项：在【开始】选项卡中，单击【单元格】组中的【插入】按钮右侧的 ▼ 按钮，在弹出的下拉菜单中选择【插入工作表】选项，可在当前工作表前插入一张新工作表。

3）重命名工作表

在 Excel 中工作表默认命名为 Sheet1 或 Sheet2 等，为了便于记忆和查找，可对工作表重命名。其操作方法：双击工作表标签后，工作表名呈可编辑状态，此时可直接输入新的名称，然后按 Enter 键或单击其他位置完成重命名操作。

4）删除工作表

删除工作表的方法很简单，在其工作表标签上右击，在弹出的快捷菜单中执行【删除】命令，在打开的提示对话框中单击【删除】按钮，被删除的工作表右侧的工作表将成为当前工作表。

5）移动或复制工作表

在 Excel 2010 中移动或复制工作表的方法十分简单。要移动工作表，只要选择需要移动的工作表标签，按住鼠标左键不放并拖动，当▼标记移动到目标位置时，释放鼠标。要复制工作表，在按上述方法进行拖动的同时按住 Ctrl 键不放即可。

6）保护工作表

当多个用户共用一台计算机时，为了防止表格中的重要数据被其他用户修改，可为工作表设置保护。其操作方法：单击【开始】/【单元格】组中的 按钮，在弹出的下拉菜单中

选择 保护工作表(P)... 选项，会打开【保护工作表】对话框，按图 4-12 所示设置好，然后单击【确定】按钮，会再打开【确认密码】对话框，如图 4-13 所示，在文本框中再次输入设置的密码，单击【确定】按钮。

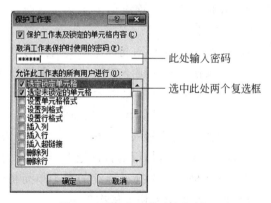

图 4-12　【保护工作表】对话框

图 4-13　【确认密码】对话框

7）隐藏或显示工作表

保护工作表后,虽然其他用户不能对该工作表进行编辑操作,但还可以查看该工作表。若不愿意让其他用户查看,可将数据所在的工作表隐藏,待需要时再将其显示。其操作方法:选择要隐藏的工作表,单击【开始】/【单元格】组中【格式】按钮,在弹出的下拉菜单中选择【可见性】选项组中的【隐藏和取消隐藏/隐藏工作表】选项将工作表隐藏。如要显示工作表,则再重新执行一次【隐藏和取消隐藏/隐藏工作表】命令。

5. 表格数据的输入

在 Excel 2010 中创建工作簿后,就可以在表格中输入文本或数据等内容了。要在 Excel 2010 中输入数据需要先选择单元格。

1）选择单元格

（1）选择单个单元格。选择单个单元格的方法有三种,即通过单击选择、【名称框】选择和键盘的方向键选择。

- 单击选择:将光标移动至需要选择的单元格上,当其变为 ✛ 形状时单击即可选择该单元格,被选单元格边框会变粗。

- 【名称框】选择:在【名称框】中直接输入目标单元格的地址,然后按 Enter 键,即可选择单元格。

- 键盘的方向键选择:这种方法常用于目标单元格在当前单元格附近时,如要选择当前单元格下方的单元格时,可按 ↓ 键;如要选择当前单元格右方的单元格时,可按 → 键或 Tab 键。

（2）选择连续的多个单元格。要选择连续的多个单元格时,可以选择任意区域中连续的单元格,也可以按列或按行选择单元格。

- 选择任意区域中连续的单元格:移动光标至需要选择的单元格区域周围 4 个角上的任意一个单元格上,按住鼠标左键不放拖动鼠标至选择区域的对角单元格,然后释放鼠标左键;或者选择一个单元格后,将光标移至另一个单元格上,按住 Shift 键的同时单击也可选择这两个单元格之间的区域。

- 选择整列单元格:将光标移至目标列的列标记上,当其变为 ↓ 形状时单击。

- 选择整行单元格:将光标移至目标行的行标记上,当其变为 → 形状时单击。

（3）选择不连续的多个单元格。要选择不连续的多个单元格时,可以在选择第一个单元格后按住 Ctrl 键不放,再在其他单元格上依次单击。

（4）全选单元格。全选单元格有两种方法,即可单击行标记与列标记交界处的 ◢ 按钮或者按 Ctrl+A 组合键。

2）输入文本

在表格中输入文本的方法有以下三种。

- 编辑栏输入:选择单元格后,将文本插入点移动到编辑栏中,再输入文本。

- 单元格输入:双击要输入文本的单元格,将文本插入点定位到该单元格中,再输入所需文本。

- 选择单元格输入:单击要输入文本的单元格,即可直接输入文本。

3）输入数字

通常把在表格中看见的数字 0～9 以及"＋、－、‰"和"￥"等符号统称为数据。

（1）输入普通数据。输入普通数据的方法与输入文本的方法相同，即先选需要输入数据的单元格，在其中直接输入或在编辑栏中输入，完成后按 Enter 键确认。若输入数据的整数位数超过 11 位，将自动以科学计数法的形式表示；若整数位数小于 11 位但单元格的宽度不足以显示其中的数据时，将以"＃＃＃＃"表示，此时将光标放在该单元格上即可显示数据。

（2）输入特殊数据。特殊数据是 Excel 中含有特定数字格式的数据，如货币、日期和时间等。其操作方法：单击【开始】/【数字】组中的【常规】下三角按钮，会弹出如图 4-14 所示的下拉列表项，从中可选择所需的数据类型。

图 4-14　【常规】列表项

6. 表格数据的编辑

在工作表中输入数据后，还可以对其进行编辑，如删除、更改、复制或移动单元格数据、自动填充数据、查找和替换数据等。

1）删除单元格数据

在编辑数据的过程中，有时可能会需要删除某些多余或错误的数据。其操作方法：双击需要删除数据的单元格，定位文本插入点后按 Backspace 键，可删除文本插入点前的数据，如按 Delete 键，即可删除文本插入点后的数据。

2）更改单元格数据

如单元格中的数据输错了，此时需要修改，其操作方法：如整个单元格中的数据均需修改时，可选择该单元格，然后重新输入正确的数据，再按 Enter 键即可；如是部分有错，则选择该单元格，将文本插入点定位到编辑栏中，删除错误数据，然后输入正确的，再按 Enter 键即可。

3）复制单元格数据

在输入数据时，若相同的数据太多，但在一连续的单元格中又无法采用快速填充数据的方法，则可通过复制单元格数据的操作来完成数据的输入。

其操作方法有以下两种。

- 选择要复制的单元格，按 Ctrl＋C 组合键复制，单击目标单元格，按 Ctrl＋V 组合键粘贴。
- 选择需要复制的单元格，待鼠标变成 形状时，按住 Ctrl 键的同时按住鼠标左键不放，拖动到目标单元格后释放鼠标。

4）移动单元格数据

移动单元格数据比较简单，选中需要移动数据的单元格，按 Ctrl＋X 组合键剪切，然后鼠标单击目标单元格，按 Ctrl＋V 组合键粘贴；或者选中需要移动数据的单元格，使用鼠标拖动也可以直接移动单元格数据。

5）自动填充数据

如果遇到这样的情况：在连续单元格区域中输入同一个数据，或是输入一个数据序列，可以使用快速填充数据功能实现。其操作方法：移动光标到单元格边框的右下角，光标将变为"＋"形状（此时的光标被称为填充柄），可通过拖动填充柄输入相同数据。如想得到递增的填充数据，必须在拖动鼠标的同时按住 Ctrl 键。

如果需要输入有规律的数据，如等差数列、等比数列或日期等，也可以通过拖动填充柄的方法快速输入。其操作方法：选择两个相关有规律的单元格，将光标移动到单元格区域的右下角，当光标变为"＋"形状时，按住鼠标左键不放并拖拉即可，操作过程如图 4-15 所示。

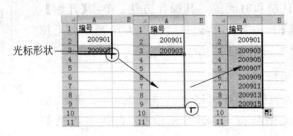

图 4-15　自动填充数据的过程

6）查找和替换数据

如果工作表中的数据很多，可以使用查找功能快速定位数据，再使用替换功能替换错误数据，从而极大地提高工作效率。其操作方法：单击【开始】/【编辑】组中的【查找和选择】按钮 ，在弹出的下拉菜单中执行【查找】命令，会打开如图 4-16 所示的【查找和替换】对话框，单击【查找】选项卡，在【查找内容】下拉列表框中输入要查找的内容，单击【查找下一个】按钮，Excel 即开始查找指定的数据；单击【替换】选项卡，会进入如图 4-17 所示的对话框，在【替换为】文本框中输入要替换的数据，然后单击【替换】按钮替换数据。

图 4-16　【查找和替换】对话框中的【查找】选项卡

注：如果查找是有要求或者是在某个范围内查找的，可单击【选项】按钮，如查找的内容有自己的格式，可以单击【查找和替换】对话框中的【格式】按钮右侧的下三角按钮，从弹出的下拉列表中选择【格式】或者【从单元格选择格式】选项设置要搜索的单元格格式。

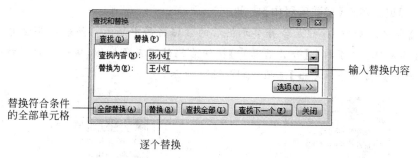

图 4-17　【查找和替换】对话框中的【替换】选项卡

7．单元格的基本操作

1）插入单元格

在输入数据的过程中，如果不小心漏掉一个数据，该怎么办呢？可以插入单元格。其
操作方法：单击【开始】/【单元格】组中的【插入】按钮，从弹出的
下拉列表中选择【插入单元格】选项，会弹出如图 4-18 所示的
【插入】对话框，从中选择合适的选项，然后单击【确定】按钮。

以 B3 单元格为例，介绍【插入】对话框中各单选按钮的
含义。

【活动单元格右移】：选中该单选按钮，B3 单元格以及其右
侧单元格都会向右移动一个单元格。

图 4-18　【插入】对话框

【活动单元格下移】：选中该单选按钮，B3 单元格以及其下
面单元格都会向下移动一个单元格。

【整行】：选中该单选按钮，第 3 行将向下移动一行，在原位置处插入新的空白行。如
选择此单选项会添加整行表格。

【整列】：选中该单选按钮，B 列将向右移动一列，在原位置处插入新的空白列。如选
择此单选项会添加整列表格。

2）清除与删除单元格

清除单元格：只是单纯地删除单元格中的数据内容，单元格位置保持不变。其操作
方法：选中要清除的单元格区域，右击该区域，从弹出的快捷菜单中选择【清除内容】选
项，或按 Delete 键进行清除操作。

删除单元格：是把单元格及保存在单元格中的数据内容一起删除，周围单元格位置
发生改变。其操作方法：单击【开始】/【单元格】组中的【删除】按钮，从弹出的下拉菜单中
选择【删除单元格】选项，会弹出【删除】对话框，如图 4-19 所示，选择合适的选项，然后单
击【确定】按钮。

3）合并单元格制作表头

很多数据表都有表头，表头就是把单元格合并起来，然后再设置标题格式。其操作方
法：选中需要合并的单元格，单击【开始】/【对齐方式】组中的【合并后居中】按钮。合并
后的单元格，还可以再拆分开。其操作方法：选中合并后的单元格，再在【开始】选项卡

【对齐方式】组中单击【合并后居中】按钮。

注：【合并后居中】按钮是合并单元格后的数据将居中显示。如果是要合并单元格而不居中显示内容，则可单击【合并后居中】按钮右侧的下三角按钮，从弹出的下拉列表中选择【跨越合并】或【合并单元格】选项，如图 4-20 所示。

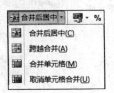

图 4-19 【删除】对话框　　　　　　　图 4-20 【合并后居中】下拉列表项

4）调整行高与列宽

调整列宽的操作方法：将鼠标指针移动到要调整宽度的列的右框线上，当指针变成"↔"形状时，按下鼠标向右拖动到目标位置，再释放鼠标即可调整列宽。或者通过单击【开始】/【单元格】组中的【格式】按钮，从弹出的下拉列表中执行【列宽】命令，然后在弹出的对话框中输入数值，再单击【确定】按钮。调整行高的方法与调整列宽的方法相似。

5）隐藏和显示行列

如果想隐藏一部分工作表信息，而又不想隐藏整张工作表，可以尝试隐藏某些行或列。隐藏行和列与隐藏工作表的方法是一样的，下面以隐藏行为例进行介绍。其操作方法：单击【开始】/【单元格】组中的【格式】按钮，从弹出的下拉列表中执行【隐藏和取消隐藏】/【隐藏行】命令。如要取消，只需在【隐藏和取消隐藏】中选择【取消隐藏行】选项。

8．设置单元格格式

1）设置数据对齐方式

在默认情况下，向单元格中输入的文本是左对齐方式，而数据则是右对齐方式。设置数据对齐的操作方法：在【开始】选项卡的【对齐方式】选项组中选择所需的对齐工具选项，如果还要垂直方向的对齐，则要单击【对齐方式】选项组中的【对话框启动器】按钮，在弹出的【设置单元格格式】对话框中，可在【对齐】选项卡中设置单元格的水平对齐方式和垂直对齐方式，如图 4-21 所示，然后单击【确定】按钮保存设置。

2）设置字体格式

【字体】选项组提供了 Excel 2010 中所有修饰文字的方法，它不仅可以对文字进行一般的修饰，还可以进行字符间距、文字效果等特殊设置。或者在图 4-21 所示的【设置单元格格式】对话框中选择【字体】选项卡，然后在对话框里进行设置。

3）设置数据显示形式

不同的数据显示形式，代表不同的含义。例如，在纯数据前面显示"￥"字符，则表示该数据代表的是货币值。设置数据显示形式的操作方法（以设置货币数据类型为例）：单击【开始】/【字体】组中的【对话框启动器】按钮，在下拉列表中选择【货币】选项；或者打

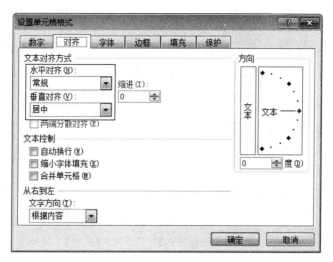

图 4-21　【设置单元格格式】对话框中的【对齐】选项卡

开图 4-21 所示的【设置单元格格式】对话框,然后选择【数字】选项卡,如图 4-22 所示,在【分类】列表中选择【货币】选项,然后在右侧设置货币符号、小数位置等选项,最后单击【确定】按钮保存设置(其他的特殊数据,例如,日期、时间、百分比等可采取相似的操作)。

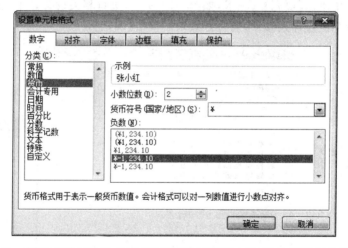

图 4-22　在【设置单元格格式】对话框的【数字】选项中设置【货币】数据显示形式

4)设置单元格边框

Excel 中的表格线是为了方便存放数据而设计的,在默认情况下,打印表格时不会将单元格边框显示。但有时需要为选择的单元格或单元格区域添加边框线,从而使表格的内容更清晰。其操作方法:选中要设置边框的表格或表格区域,单击【开始】/【字体】组中的【边框】按钮 　▼ 右侧的下三角按钮,从弹出的下拉列表中执行【其他边框】命令,从而弹出【设置单元格格式】对话框,并切换到【边框】选项卡,如图 4-23 所示,在【样式】列表中可选择线条样式;在【颜色】列表中可设置线条颜色;在【预置】选项组中可设置【外边框】或【内部】框线;等等。

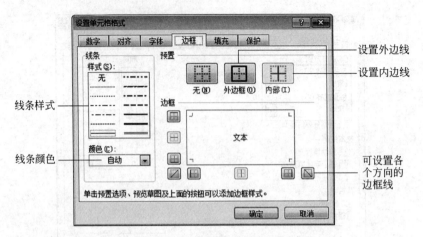

图 4-23 【设置单元格格式】对话框中的【边框】选项卡

5) 设置单元格底纹

在默认情况下,Excel 单元格的背景色为白色,给单元格添加底纹后,可使部分单元格更加醒目,如为表格的标题添加底纹等。其操作方法:选中要设置底纹的表格或表格区域,单击【开始】/【对齐方式】组右下角的【对话框启动器】按钮，在打开的【设置单元格格式】对话框中单击【填充】选项卡,如图 4-24 所示,进行相关设置。单击【填充效果】按钮,可设置渐变和底纹样式效果,设置好效果后单击【确定】按钮。

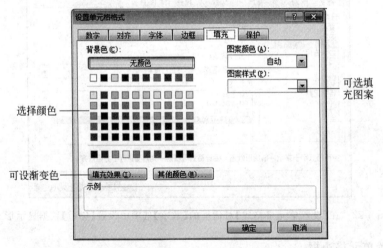

图 4-24 【设置单元格格式】对话框中的【填充】选项卡

6) 套用表格样式

Excel 2010 中提供了许多常用的、美观的表格样式,用户可以直接套用。它不仅可以提供工作效率,还能保证表格的质量。其操作方法:选择需要设置表格样式的单元格区域,然后单击【开始】/【样式】组中的【套用表格格式】按钮，在弹出的下拉菜单中选择所需要的选项,会打开【套用表格式】对话框,提示是否需要表包含标题,如需要就要选中【表包含标题】复选框,然后单击【确定】按钮。

在套用表格样式后,系统将自动在 Excel 窗口中添加一个【表工具】/【设计】选项卡。若要取消表格样式,只需在【表工具】/【设计】选项卡的【表样式】选项组中,单击【其他】按钮 ⬇,在弹出的下拉菜单中执行 ▨ 清除(C) 命令即可,取消套用表格样式后,表格将以默认的格式显示。

9. 为工作表添加背景

工作表的背景不仅可以添加颜色,还可以添加自己喜欢的图片,这样做出的工作表会更有艺术色彩。其操作方法:选中要添加背景的工作表,单击【页面布局】/【页面设置】组中的按钮 🖼 背景,会弹出【工作表背景】对话框,选择要插入的图片,再单击【插入】按钮。如果要删除添加的工作表背景,只要单击【页面布局】/【页面设置】组中的按钮 🖼 删除背景 即可删除工作表背景。

10. 工作簿视图与页面设置

1) 工作簿视图

Excel 2010 具有多种视图,如普通视图、页面布局视图、分页预览视图和全屏显示视图等,可以在多种视图中查看数据,还可以在拆分窗口和对比窗口中查看。

(1) 普通视图。启动 Excel 2010 后的视图界面就是普通视图,它是 Excel 默认的视图方式,大多数操作都是在普通视图中进行,如输入数据、筛选、制作图表和设置格式等。切换到普通视图的操作方法:单击【视图】/【工作簿视图】组中的【普通】按钮 ⊞。

(2) 页面布局视图。在页面布局视图中可看到页面的起始位置和结束位置,还可以查看页面上的页眉和页脚。其切换操作方法:单击【视图】/【工作簿视图】组中的【页面布局】按钮 📄,或单击视图栏中的【页面布局】按钮。

(3) 分页预览视图。使用分页预览视图可以预览文档打印时的分页位置。其切换操作方法:单击【视图】/【工作簿视图】组中的 📋 预览 按钮。

(4) 全屏显示视图。全屏显示视图就是让工作表充满整个屏幕,该视图方式下的工作表将不显示标题栏、选项卡、名称框、编辑栏和状态栏,以尽可能多地显示工作表的内容。其切换操作方法:单击【视图】/【工作簿视图】组中的 🖥 全屏显示 按钮。

2) 拆分窗口

在查看大型表格时,经常需要上下文同时阅读,此时便可将窗口进行拆分。其操作方法:单击【视图】/【窗口】组中的 ▭ 拆分 按钮即可拆分窗口。若要退出该方式,只需再次单击 ▭ 拆分 按钮。

3) 对比窗口

日常办公中经常会对两个表格间的数据进行对比查看,以便更清楚、明白地查看和分析表格中的数据,这时就可以使用窗口的对比查看功能。其操作方法:打开要对比查看的两个工作簿,单击【视图】/【窗口】组中的 ⬚ 并排查看 按钮,打开的两个工作簿将并排显示在 Excel 2010 工作界面中,选择需要对比查看的数据,如要滚动查看,可单击【视图】/【窗口】组中的 同步滚动 按钮;如要退出该方式,可再次单击 并排查看 按钮。

4)冻结窗口

工作表较大时,由于屏幕大小的限制,往往需要通过滚动条移动工作表查看其屏幕窗口以外的部分,但有些数据(如行标题和列标题)是不希望随着工作表的移动而消失的,最好能固定在窗口的上部和左部,以便于识别数据,这可通过工作表窗口的冻结来实现。

冻结窗口分为水平冻结、垂直冻结和水平垂直同时冻结。其操作方法与拆分窗口相似。单击【视图】/【窗口】组中的【冻结窗格】按钮 ,从弹出的下拉菜单中选择所需要的选项,如图 4-25 所示。如选择【冻结拆分窗格】选项,即在所选行号的上方出现水平拆分线,冻结线为一黑色细线。

图 4-25 冻结窗格下拉菜单

5)页面设置

页面设置包括设置页面布局方式、页边距、页眉、页脚和插入分隔符等。

(1) 设置页面布局方式。设置页面布局方式主要包括设置打印纸张的方向、缩放比例、纸张大小、打印质量和起始页码等。其操作方法:单击【页面布局】/【页面设置】组右下角的【对话框启动器】按钮 ,在打开的【页面设置】对话框中单击【页面】选项卡,如图 4-26 所示,可以单击【打印预览】按钮浏览效果,设置完单击【确定】按钮。

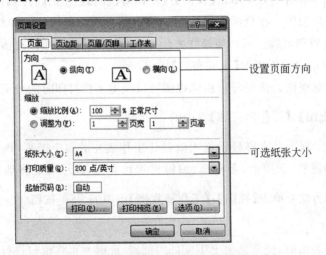

图 4-26 【页面设置】对话框中的【页面】选项卡

(2) 设置页边距。为了让打印的工作表在纸张上处于合适的位置,需要设置页边距。其操作方法:在【页面设置】对话框中单击【页边距】选项卡,如图 4-27 所示,设置完成后单击【确定】按钮。

在【页面设置】对话框的【页边距】选项卡中选中【水平】复选框,表格将居中并水平对齐;选中【垂直】复选框,表格将居中并垂直对齐。

图 4-27　【页面设置】对话框中的【页边距】选项卡

（3）设置页眉和页脚。为了使打印的表格更加规范，可为表格设置页眉和页脚。Excel 2010 内置了多种样式的页眉和页脚，可以直接套用。其操作方法是在【页面设置】对话框中单击【页眉/页脚】选项卡，如图 4-28 所示，设置完成后单击【确定】按钮。

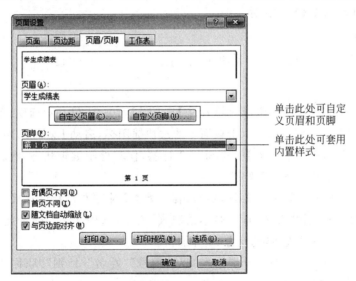

图 4-28　【页面设置】对话框中的【页眉/页脚】选项卡

用户也可以自定义页眉和页脚，在【页面设置】对话框【页眉/页脚】选项卡中单击 自定义页眉(C)… 和 自定义页脚(U)… 按钮，即可自定义页眉和页脚。当不需要设置页眉和页脚时，在【页眉/页脚】选项卡中的【页眉】和【页脚】的下拉列表框中选择【无】选项，单击【确定】按钮后即可删除以前设置的页眉和页脚。

（4）插入分隔符。对于数据较多的长表格，可以根据需要，并结合打印纸张的大小合理地在表格中插入分隔符。其操作方法是选择要插入分隔符的单元格，单击【页面布局】/

【页面设置】组中的【分隔符】按钮 ，在弹出的下拉菜单中选择【插入分页符】选项，即可在刚才选择的单元格的上边添加一条虚线，单击【文件】/【打印】按钮，屏幕右边的打印预览状态即可看到表格已被分成两页显示。

如果想调整分隔符的位置，单击【页面布局】/【页面设置】组中的【分隔符】按钮，在弹出的下拉菜单中选择【重设所有分页符】选项，可重新插入；如果要删除，单击【分隔符】按钮，在弹出的下拉菜单中选择【删除分页符】选项。

4.1.3 任务实施步骤

任务1 实施制作"职工基本情况表"

设计目标

通过制作"职工基本情况表"，掌握在 Excel 中输入数据、设置数据显示形式、单元格和工作表等基本操作，以及掌握保存工作簿的操作。

设计思路

- 创建工作簿，修改工作表的名称。
- 设置特殊单元格的数据显示形式。
- 输入工作表数据，并保存。

设计效果

"职工基本情况表"设计效果如图 4-1 所示。

操作步骤

第1步：单击【开始】按钮，选择【程序】中的 Microsoft Office 选项，单击 Microsoft Office Excel 2010 子菜单，或者双击桌面上的 快捷图标，启动 Excel 2010 应用程序。

第2步：双击【工作表标签】中的 Sheet1 标签，使其处于编辑状态，然后输入"职工基本情况表"，输完后按 Enter 键确定。

第3步：选择 A1:H1 单元格区域，单击【开始】/【对齐方式】组中的【合并后居中】按钮 ，然后在【编辑栏】中输入"职工基本情况表"文字；选中文字，在【开始】/【字体】组中的【字号】下拉列表中，将【字号】设为 20 并加粗。

第4步：单元格 A2～H2，分别输入"职工编号""姓名""性别""职称""学历""年龄""参加工作时间"和"联系电话"。

第5步：在 A3 单元格输入"50001"，输完单击此单元格，将鼠标光标放在右下角，当鼠标光标变为"＋"形状时，按住 Ctrl 键的同时拖拉鼠标到 A12 单元格。

第6步：将鼠标光标移动到 G 列的上方，当光标变成 形状时单击，选中 G 列，单击【开始】/【数字】组中的【对话框启动器】按钮 ，在弹出的【设置单元格格式】对话框中选择【数字】选项卡，在【分类】项中选择【日期】选项，在【类型】中选择【2001 年 3 月 14 日】选项，单击【确定】按钮。

第7步：将鼠标光标移动到 H 列的上方，当光标变成 形状时单击，选中 H 列，单击

【开始】/【数字】组中的【常规】下三角按钮,在弹出的列表项中选择【文本】选项。

第 8 步:在其他单元格中输入如图 4-29 所示的数据。

	A	B	C	D	E	F	G	H
1	职工基本情况表							
2	职工编号	姓名	性别	职称	学历	年龄	参加工作时间	联系电话
3	50001	郑合因	女	教授	研究生	58	1972年6月10日	2567891
4	50002	李海儿	男	副教授	本科	37	1993年6月22日	3456124
5	50003	李静	女	讲师	本科	34	1996年8月18日	2314950
6	50004	马东升	男	讲师	本科	31	2000年9月21日	2280369
7	50005	钟尔慧	男	讲师	本科	37	1993年7月10日	2687654
8	50006	李文如	女	副教授	研究生	47	1985年1月18日	7894231
9	50007	林寻	男	教授	博士	52	1978年6月15日	5478453
10	50008	宋成城	男	副教授	本科	40	1990年3月3日	6678354
11	50009	王晓宁	男	助教	本科	30	2000年2月15日	4129874
12	50010	钟成梦	女	助教	本科	46	1984年5月30日	2331490

图 4-29 职工基本情况表的数据

第 9 步:选择 A1:H12 的单元格区域,单击【开始】/【对齐方式】组中的【垂直对齐】按钮 和【居中】按钮 ,进行对齐。

第 10 步:选择 A1:H12 的单元格区域,单击【开始】/【字体】组中的【边框】按钮 右侧的下三角按钮,从弹出的下拉列表中执行【其他边框】命令,从而弹出【设置单元格格式】对话框,并切换到【边框】选项卡,先单击【内部】按钮,然后在【样式】中选择较粗的线条样式,在【颜色】中选择"红色",再单击【外边框】按钮,最后单击【确定】按钮。

第 11 步:按 Ctrl+S 组合键进行保存,在【另存为】对话框中,以"职工基本情况表"为名保存工作簿。

任务2 实施制作"客户基本信息表"

设计目标

通过制作"客户基本信息表",继续掌握在 Excel 中输入数据、设置数据显示形式、单元格和工作表等基本操作,以及掌握套用 Excel 自带的表格样式的操作。

设计思路

- 创建工作簿,修改工作表的名称。
- 设置特殊单元格的数据显示形式,输入工作表数据。
- 套用表格样式并保存。

设计效果

"客户基本信息表"设计效果如图 4-2 所示。

操作步骤

第 1 步:启动 Excel 2010 软件,双击【工作表标签】中的 Sheet1 标签,使其处于编辑状态,然后输入"客户基本信息表",输完后按 Enter 键确定。

第 2 步:选择 A1:H1 单元格区域,单击【开始】/【对齐方式】组中的【合并后居中】按钮,然后在【编辑栏】中输入"客户基本信息表"文字;选中文字,在【开始】/【字体】组中的【字号】下拉列表框,将【字号】设为 20 并加粗。

第 3 步:选择 D 列,单击【开始】/【数字】组中的【常规】下三角按钮,在弹出的列表项中选择【短日期】选项;同时选择 F 列和 G 列,单击【开始】/【数字】组中的【常规】下三角按钮,在弹出的列表项中选择【文本】选项。

第 4 步:在单元格中输入如图 4-30 所示的数据。

	A	B	C	D	E	F	G	H
1	客户基本信息表							
2	客户名称	姓名	性别	出生日期	通信地址	邮编	联系电话	Email地址
3	博大商场	马奋菲	女	1969/10/2	郑州市汝河路7号	451021	3457968	mff@163.com
4	诚信超市	魏新宇	男	1973/8/15	郑州市前进路8号	464012	5800976	wxy@sina.com
5	家福超市	张晓南	男	1968/11/6	郑州市经三路6号	430125	8646598	zxn@sohu.com
6	莲茶超市	刘晓萍	女	1970/1/24	郑州市纬四路5号	430027	2368745	yjp@tom.com
7	欧亚商城	彦桂敏	女	1971/12/3	郑州市淮河路8号	450003	3098900	ygm@126.com
8	万林商场	史文勉	男	1970/2/19	郑州市商都路6号	465072	7543213	sgm@sohu.com
9	伟岸超市	贾维奇	男	1976/4/13	郑州市北临路4号	431008	7560988	wjwq@163.com
10	信达超市	李佩民	男	1965/5/18	郑州市建设路3号	450523	3712345	lip@126.com

图 4-30　客户基本信息表的数据

第 5 步:输完数据,如果列宽不够,出现"＃＃＃＃"时,可以将鼠标指针移动到该列的列标右边,当光标变成"↔"形状时,按住鼠标进行拖拉即可。

第 6 步:选择 A2:H2 单元格区域,单击【开始】/【字体】组中的【字号】下三角按钮,将【字号】设为 12 并加粗。

第 7 步:选择 A11:B11 单元格区域,单击【开始】/【对齐方式】组中的【合并后居中】按钮,然后输入"制表人:李平";选择 G11:H11 单元格区域,单击【开始】/【对齐方式】组中的【合并后居中】按钮,然后输入"制表日期:2017 年 3 月 6 日"。

第 8 步:选择 A2:H11 单元格区域,单击【开始】/【单元格】组中的【格式】按钮,在弹出的下拉列表中选择【行高】选项,会弹出【行高】对话框,输入"20",单击【确定】按钮。

第 9 步:选择 A2:H10 单元格区域,单击【开始】/【对齐方式】组中的【垂直对齐】按钮和【居中】按钮,进行对齐。

第 10 步:选择 A2:H11 单元格区域,单击【开始】/【样式】组中的【套用表格格式】按钮,在弹出的下拉列表中选择【表样式中等深浅 3】选项。

第 11 步:按 Ctrl＋S 组合键进行保存,在打开的【另存为】对话框中,以"客户基本信息表"为名保存工作簿。

任务3　实施制作"学员基本情况表"

设计目标

通过制作"学员基本情况表",继续掌握在 Excel 中输入数据、设置数据显示形式、单元格和工作表等基本操作,以及掌握边框的设置和工作表背景的设置操作。

设计思路

- 创建工作簿，修改工作表的名称。
- 设置特殊单元格的数据显示形式，输入工作表数据。
- 设置边框和工作表背景，并保存。

设计效果

"学员基本情况表"设计效果如图 4-3 所示。

操作步骤

第 1 步：启动 Excel 2010 软件，双击【工作表标签】中的 Sheet1 标签，使其处于编辑状态，然后输入"学员基本情况表"，输完后按 Enter 键确定。

第 2 步：选择 A1:G1 单元格区域，单击【开始】/【对齐方式】组中的【合并后居中】按钮 ，然后在【编辑栏】中输入"学员基本情况表"文字；选中文字，在【开始】/【字体】组中的【字号】下拉列表框，将【字号】设为 20 并加粗。

第 3 步：选择 C 列，单击【开始】/【数字】组中的【对话框启动器】按钮 ，在弹出的【设置单元格格式】对话框中选择【数字】选项卡，在【分类】项中选择【日期】选项，在【类型】中选择【2001 年 3 月】选项，单击【确定】按钮。

第 4 步：将鼠标光标移动到 F 列的上方，当光标变成"⬇"形状时单击，选中 F 列，单击【开始】/【数字】组中的【常规】下拉列表框，在弹出的列表项中选择【文本】选项。

第 5 步：在 A3 单元格输入"201701"，输完单击此单元格，将鼠标光标放在右下角，当光标变为"＋"形状时，按住 Ctrl 键的同时拖拉鼠标到 A12 单元格。

第 6 步：其他单元格输入如图 4-31 所示的数据。

	A	B	C	D	E	F	G
1			学员基本情况表				
2	学号	姓名	出生年月	性别	家庭住址	联系电话	报学科目
3	201701	李小龙	1991年2月	男	深圳	2334568	书法
4	201702	张小欣	1990年4月	男	东莞	2657978	钢琴
5	201703	梁文青	1990年12月	女	珠海	3456125	绘画
6	201704	刘佳	1992年7月	女	广州	2314960	书法
7	201705	韩伟	1991年5月	男	广州	2280359	绘画
8	201706	赵子张	1991年7月	男	顺德	2687956	舞蹈
9	201707	梁天成	1991年8月	男	江门	7896123	舞蹈
10	201708	刘小庆	1991年3月	女	汕头	5479632	钢琴
11	201709	程甜甜	1991年11月	女	中山	6678354	书法
12	201710	王文祥	1992年5月	男	梅州	2331490	舞蹈

图 4-31　学员基本情况表的数据

第 7 步：输完数据，如果列宽不够，出现"＃＃＃＃"时，可以将光标移动到该列的列标右边，当光标变成"↔"形状时，按住鼠标进行拖拉。

第 8 步：选择 A2:G12 单元格区域，单击【开始】/【对齐方式】组中的【垂直对齐】按钮 和【居中】按钮 ，进行对齐。

第 9 步：选中 A1 单元格，单击【开始】/【字体】组中的【填充颜色】按钮 ，在弹出的颜色列表中选择"橙色"。

第 10 步：选择 A2:G2 单元格区域，单击【开始】/【对齐方式】组中的【加粗】按钮，然后单击【开始】/【单元格】组中的 ⊞格式▾ 按钮，在下拉菜单中单击【设置单元格格式】选项，会弹出【设置单元格格式】对话框，并切换到【填充】选项卡，在【图案颜色】下拉列表框中选择"蓝色"，在【图案样式】下拉列表框中选择"12.5％灰色"，单击【确定】按钮。

第 11 步：选择 A2:G12 单元格区域，单击【开始】/【字体】组中的【边框】按钮 ⊞ ▾ 右侧的下三角按钮，从弹出的下拉列表中选择【其他边框】选项，弹出【设置单元格格式】对话框，切换到【边框】选项卡，先单击【内部】按钮，然后在【样式】列表中选择双线型的线条样式，在【颜色】中选择"红色"，再单击【外边框】按钮，最后单击【确定】按钮。

第 12 步：单击【页面布局】/【页面设置】组中的【背景】按钮，会弹出【工作表背景】对话框，找到"花.jpg"的图片，单击【插入】按钮。

第 13 步：按 Ctrl＋S 组合键进行保存，在打开的【另存为】对话框中，以"学员基本情况表"为名保存工作簿。

4.1.4　上机实训

实训 1　　制作"职工工资表"

实训目的

掌握创建工作表、自动填充功能和设置数据显示形式的操作。

实训内容

制作"职工工资表"，效果如图 4-32 所示。

电子厂2017年2月工资表							
编号	姓名	职务	基本工资	职务工资	效益工资	地方补贴	水电	天然
2001	赵丽敏	部门经理	1200.0	600.0	360.0	800.0	25.8	78.8
2002	张卫华	技术主管	1100.0	550.0	360.0	800.0	34.6	85.0
2003	王大为	工程师	1050.0	500.0	360.0	800.0	43.4	87.5
2004	刘晓丽	销售主管	1100.0	550.0	360.0	800.0	12.5	56.4
2005	李晓萍	工程师	1050.0	500.0	360.0	800.0	42.4	65.3
2006	贾玉林	高工	1300.0	600.0	360.0	800.0	34.5	45.6
2007	黄越山	工程师	1050.0	500.0	360.0	800.0	32.1	34.7
2008	章华亭	高工	1300.0	600.0	360.0	800.0	37.0	45.6
2009	李海华	部门经理	1200.0	600.0	480.0	800.0	34.7	56.8
2010	司敏学	销售主管	1100.0	550.0	480.0	800.0	33.2	87.6

图 4-32　职工工资表最终效果

实训步骤

- 输入如图 4-32 所示的工作表数据，编号可采用自动填充的功能，设置好数据显示形式。

- 套用 Excel 自带的【表样式中等深浅 7】样式。

- 以"职工工资表"为名保存工作簿。

实训 2　制作"学生成绩表"

实训目的

掌握创建工作表、设置填充颜色和边框的操作。

实训内容

制作"学生成绩表",效果如图 4-33 所示。

学生成绩表						
学号	姓名	数学	语文	英语	计算机	政治
9001	刘万权	98	87	78	89	69
9002	张旺旺	67	78	78	87	78
9003	梁文青	87	58	80	69	68
9004	刘晓佳	79	98	90	48	76
9005	郑成	45	65	39	68	60
9006	韩伟	98	87	89	62	58
9007	张东东	68	76	81	52	79
9008	罗晓霞	75	68	65	98	60
9009	梁甜甜	85	65	75	56	59
9010	张小红	69	50	48	69	60

图 4-33　学生成绩表最终效果

实训步骤

- 输入图 4-33 所示的工作表数据,学号可采用自动填充功能,成绩是数据型。
- 标题设背景颜色,加内外边框线,外边框是双线型。
- 以"学生成绩表"为名保存工作簿。

实训 3　制作"产品销售业绩情况表"

实训目的

掌握创建工作表、设置数据显示形式和设置工作表背景的操作。

实训内容

制作"产品销售业绩情况表",效果如图 4-34 所示。

产品销售业绩情况表						
员工姓名	客户名称	订购日期	订单编号	产品名称	单价	订购数量
赵丽敏	信达超市	2016/3/10	102	电饭煲	180.00	50
赵丽敏	莲荷超市	2016/3/11	103	剃须刀	245.00	100
赵丽敏	伟岸超市	2016/5/20	307	加湿器	375.00	30
刘晓丽	八一商厦	2016/4/15	210	电饭煲	180.00	30
刘晓丽	八一商厦	2016/4/16	211	剃须刀	245.00	50
贾玉林	家福超市	2016/4/30	238	微波炉	465.00	30
贾玉林	博大商场	2016/6/20	245	电热水器	850.00	30
贾玉林	博大商场	2016/6/21	248	电磁炉	350.00	50
李海华	欧亚商城	2016/9/25	358	微波炉	465.00	20
李海华	留香超市	2016/9/26	378	电热水器	850.00	30
李海华	欧亚商城	2016/10/1	390	加湿器	375.00	40
				制表日期:	2016年12月30日	

图 4-34　产品销售业绩情况表最终效果

实训步骤

- 输入图 4-34 所示的工作表数据,设置好数据显示形式。
- 要给表头加填充颜色和单元格加内外边框线。
- 用"花 1.jpg"图片给工作表设置背景。
- 以"产品销售业绩情况表"为名保存工作簿。

4.2　公式与函数的应用

4.2.1　任务导入及问题提出

任务 1　统计学生成绩

统计学生成绩,计算出每位学生的总分和各科平均分,设计效果如图 4-35 所示。

学生成绩表

学号	姓名	数学	语文	英语	计算机	政治	总分
9001	刘万权	98	87	78	89	69	421
9002	张旺旺	67	78	78	87	78	388
9003	梁文青	87	58	80	69	68	362
9004	刘晓佳	79	98	90	48	76	391
9005	郑成	45	65	39	68	60	277
9006	韩伟	98	87	89	62	58	394
9007	张东东	68	76	81	52	79	356
9008	罗晓霞	75	68	65	98	60	366
9009	梁甜甜	85	65	75	56	59	340
9010	张小红	69	50	48	69	60	296
平均分		77	73	72	70	67	

图 4-35　统计学生成绩的结果

任务 2　统计职工工资

统计职工工资,计算出每位职工的应扣工资和实发工资,设计效果如图 4-36 所示。

电子厂 2017 年 2 月工资表

编号	姓名	职务	基本工	职务工	效益工	地方补	水电	天然	应扣工	实发工
2001	赵丽敏	部门经理	1200.0	600.0	360.0	800.0	25.8	78.8	104.6	2855.4
2002	张卫华	技术主管	1100.0	550.0	360.0	800.0	34.6	85.0	119.6	2690.4
2003	王大为	工程师	1050.0	500.0	360.0	800.0	43.4	87.5	130.9	2579.1
2004	刘晓丽	销售主管	1100.0	550.0	360.0	800.0	12.5	56.4	68.9	2741.1
2005	李晓萍	工程师	1050.0	500.0	360.0	800.0	42.4	65.3	107.7	2602.3
2006	贾玉林	高工	1300.0	600.0	360.0	800.0	34.5	45.6	80.1	2979.9
2007	黄越山	工程师	1050.0	500.0	360.0	800.0	32.1	34.7	66.8	2643.2
2008	章华亭	高工	1300.0	600.0	360.0	800.0	37.0	45.6	82.6	2977.4
2009	李海华	部门经理	1200.0	600.0	480.0	800.0	34.7	56.8	91.5	2988.5
2010	司敏学	销售主管	1100.0	550.0	480.0	800.0	33.2	87.6	120.8	2809.2

图 4-36　统计职工工资的结果

任务 3　分析和评定学生等级

分析和评定学生等级,计算出总评成绩(总评成绩按平时成绩占 30％,期中考试成绩占 30％,期末考试成绩占 40％来计算)、根据总评成绩评定学生的成绩等级(大于或等于 80 分为优秀,小于 80 分且等于或大于 60 分为良好,小于 60 分为不及格)、计算总评成绩总分、平均分、最高分、最低分和不及格人数,设计效果如图 4-37 所示。

第二学期计算机应用成绩分析表							
学号	姓名	平时成绩	期中考试	期末考试	总评成绩	总评成绩等级	总评成绩总分	1110.2
101	孙一	81	87	80	82.4	优秀	总评成绩平均分	74.0
102	张三	85	85	90	87.0	优秀	总评成绩最高分	90.7
103	李四	50	50	69	57.6	不及格	总评成绩最低分	54.7
104	王五	50	57	78	63.3	良好	总评成绩不及格人数	3
105	赵前	66	79	68	70.7	良好		
106	陈佳	78	68	78	75.0	良好		
107	石磊	87	90	94	90.7	优秀		
108	金鑫	60	60	50	56.0	不及格		
109	刘文	80	77	67	73.9	良好		
110	王娜	85	67	89	81.2	优秀		
111	杨阳	90	78	88	85.6	优秀		
112	李钊	64	89	77	76.7	良好		
113	韩伟	69	60	40	54.7	不及格		
114	黄莉	76	88	66	75.6	良好		
115	张洋	86	76	78	79.8	良好		

图 4-37　分析和评定学生等级的结果

问题与思考

- 公式中使用的运算符有哪几种类型?
- 如何使用公式?
- 单元格的引用有哪几种?
- 如何使用函数?
- Excel 2010 自带的常用函数有哪些?

4.2.2　知识点

1. 公式的使用

1) 公式的基本概念

公式是在工作表中对数据进行分析的等式。它可以对工作表数值进行加、减、乘、除等运算。公式中使用的运算符有四种类型:算术运算符、比较运算符、文本运算符和引用运算符。

(1) 算术运算符。算术运算符是用于完成基本数学计算的运算符,包括加(＋)、减(－)、乘(＊)、除(/)、乘幂(^)、负号(－),可以连接数字,并产生运算结果。

(2) 比较运算符。比较运算符是用来比较两个数值大小关系的运算符,包括等于号(=)、大于号(>)、大于或等于号(>=)、小于号(<)、小于或等于号(<=)以及不等于号(<>)。当用比较运算符比较两个值时,结果为逻辑值 TRUE(成立)或 FALSE(不成立)。

(3) 文本运算符。文本运算符用来将多个文本链接成组合文本,如连字符号(&)。例如,在 A1 单元格中输入"公式",在 B1 单元格中输入"使用",然后在 C1 单元格中输入公式"=A1&B1",按下 Enter 键,则 C1 单元格中得到计算结果为"公式使用"。

(4) 引用运算符。引用运算符可以将单元格区域合并运算,包括冒号(:)、逗号(,)和空格三种运算符。

空格运算符也称交叉运算符,表示产生同时属于两个单元格区域的单元格引用。例如,公式"=SUM(A1:C4 B3:B5)",表示对 B3、B4 单元格中的数据求和,因为只有单元格 B3、B4 同时属于 A1:C4 和 B3:B5 两个单元格区域。

冒号":"运算符也称区域运算符,用于对两个引用之间(包括这两个引用在内)的所有单元格进行引用。例如,A1:C2 表示引用 A1~C2 之间的所有单元格,包括 A1、A2、B1、B2、C1 和 C2 单元格。

逗号","运算符也称联合运算符,用于将多个引用合并为一个引用。例如,SUM(A1:B3,C2:E2)表示将 A1:B3 和 C2:E2 这两个引用合并为一个引用,再计算其数值和。

注:运算符的优先级为":"、","、空格、负号、%、"^"、乘和除、加和减、"&"、比较运算符(优先级最低)。

2) 公式的输入与编辑

在 Excel 中输入的公式通常以"="开始,用以表明此时对单元格输入的内容是一条公式。Excel 将根据公式中运算符的特定顺序从左到右计算公式,也可以使用括号更改运算顺序。

用户可以在指定的单元格内输入自己定义的计算公式,操作方法是首先单击活动的单元格;其次输入等号(=);最后在等号右边输入公式的操作数及算术运算符即可。

公式可由单元格引用、常量数值、函数、运算符等组成,例如图 4-38 所示。

图 4-38 公式的组成

该公式的意思是 A6 单元格内的数据乘以 0.08,与单元格区域 B2:B16 中所有数据的平均数的和为多少。

例如下面公式是有效的:

=55+B5

=4 * B6

=A5+B7

$=B2+\$C\$2+\$D2$

$=SUM(A1:A9)$

$=MAX(B1,B2,B3,B4)$

（1）直接输入公式。首先了解一下如何在 Excel 中手动输入公式。例如，在一张工作表中，在 A1 和 A2 单元格中输入的是"800"和"20"，现在要在 B1 单元格中计算 A1/A2 的值。其操作方法：选择 B1 单元格，在【编辑栏】中直接输入公式"$=A1/A2$"，按 Enter 键或单击【编辑栏】的输入框中的【输入】按钮　，则结果会显示出来。

在输入公式时，对于单元格地址，既可手动输入，也可用单击要引用的单元格，系统会自动输入相应单元格的地址。例如，上面要输入"$=A1/A2$"，首先输入"="后，选择 A1 单元格，再输入"/"，最后选择 A2 单元格即可完成公式的输入。

（2）修改公式。若表格内容过多，在使用公式计算单元格数据时，容易输错，这时对公式进行编辑，直接修改公式中出错的地方。编辑公式的方法有两种：一是直接在单元格中进行修改；二是在【编辑栏】中进行修改。

- 在单元格中进行修改：双击需要更改公式的单元格，然后将文本插入点定位到出错的单元格处，删除错误的公式，输入正确的公式并按 Enter 键。

- 在【编辑栏】中进行修改：选择需要编辑公式的单元格，然后在【编辑栏】处定位光标，删除【编辑栏】中错误的公式，输入正确的公式并按 Enter 键。

（3）移动公式。当移动公式时，单元格绝对引用不会改变，但单元格相对引用将会改变。其操作方法：选定包含待移动公式的单元格，将光标移至单元格的边框上，鼠标指针变成　样式，拖动鼠标到目标单元格，释放鼠标后公式即移动完成。

（4）复制公式。如果在工作表的多个单元格中运用的公式相同，则不必费时地逐个输入，可使用复制公式的方法自动算出结果。当复制公式时，单元格绝对引用不会改变，但单元格相对引用将会改变。其操作方法是选择被复制公式的单元格，在其上右击，在弹出的快捷菜单中选择【复制】选项，然后选择需要复制公式的单元格，在其上右击，在弹出的快捷菜单中选择【粘贴】选项。

（5）删除公式。在 Excel 中删除公式的操作非常简单，在选择单元格后按 Delete 键即可直接删除单元格中的公式及其计算结果。

如果只想删除单元格中的公式，而不删除数值，需要先选择相应的单元格，在其上右击，在弹出的快捷菜单中选择【复制】选项，同样在该单元格上右击，在弹出的快捷菜单中选择【选择性粘贴】选项，打开如图 4-39 所示的【选择性粘贴】对话框，在【粘贴】栏中选中【数值】单选按钮，单击【确定】按钮，此时该单元格中公式已被删除，只显示数值。

（6）填充公式。对于公式，也可通过填充柄填充数据的方式进行填充，但是在默认情况下填充时，公式中的引用会自动改变。例如，在 E3 单元格中的公式是"$=B3+C3+D3$"，在同列中填充时，如填充到 E6 单元格，则 E6 单元格中的公式将变为"$=B6+C6+D6$"。

（7）在工作表中显示公式和数值。在工作表中，若希望显示公式内容与显示公式结果，按 Ctrl+（位于键盘的左上方，与"～"为同一键），便可进行两者之间的切换。

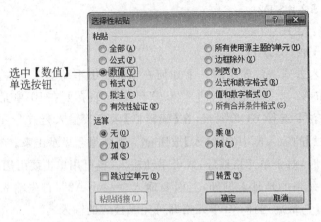

选中【数值】
单选按钮

图 4-39 【选择性粘贴】对话框

2. 单元格引用

单元格引用就是使用单元格地址来代替单元格中的数据。单元格引用分为相对引用、绝对引用和混合引用三种。

1）相对引用

公式中的单元格相对引用是基于包含公式和单元格引用的相对位置。如果公式所在的单元格的位置改变,引用也随之改变。如果多行或多列地复制公式,引用会自动调整。例如,在 B3 单元格中输入了包含 A1 和 C2 的公式="A1*3+C2",再将此公式复制到 D4 单元格时,D4 单元格中就会自动填写"=C2*3+E3"公式,结果如图 4-40 所示。

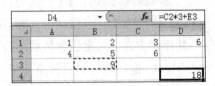

图 4-40 公式复制后相对引用会变

这是因为原地址 B3 单元格的公式复制到 D4 单元格,列增加了 2,行增加了 1,这样,公式中所有相对引用的地址一定是列增加 2,行增加 1,所以 D4 中的公式就变成"=C2*3+E3"。若将 B3 的公式复制到 F8,那么,列增加了 4,行增加了 5,F8 中将自动填写为"=E6*3+G7";若复制时地址是减小的,公式复制将会按同样的规律进行运算,但不能出现列标小于 A 或行号比 1 小的情况,否则出错。

2）绝对引用

绝对引用是在单元格地址的行号和列标前面分别添加"$"符号,例如,"=$B$2+$C$2"。所谓绝对引用,就是将公式复制到新位置时,公式中的单元格地址始终保持不变,计算结果也与包含公式的单元格位置无关。例如,在 B3 单元格输入了包含 $A$1 和 $C$2 的公式"=$A$1*3+$C$2",再将此公式复制到 D4 时,D4 单元格中的公式仍然是"=$A$1*3+$C$2"。

3）混合引用

混合引用是指在引用单元格地址时,既有绝对引用,又有相对引用,分为绝对列和相对行(例如 $A3),或绝对行和相对列(例如 A$3)两种形式。混合引用在填充公式时,相对引用地址改变,而绝对引用地址不变。例如,在 B3 单元格中输入了公式"=$A1*3+

C \$ 2",再将此公式复制到 D4 时,D4 单元格中的公式将变为"＝ \$ A2 ＊ 3＋E \$ 2"。

3. 函数的使用

Excel 中的函数就是一些预先定义好的公式,在进行一些复杂运算时,如果完全依靠手动输入的公式,就会令整个算式变得很长,不利于理解,而函数比公式简练,且利用函数可以避免输入时的错误。使用 Excel 2010 的内置函数,可以把结构复杂的计算公式简单化,大大提高了工作效率。

1）函数的定义

函数是 Excel 预先定义好的特殊公式,每个函数由函数名及其参数构成,常以"函数名(参数 1,参数 2,…)"的形式表达,在函数名称前面加上"＝"符号,就变成公式了。例如,"＝SUM(C3:E3)",其中"SUM"为函数名,"C3:E3"为参数,表示对 C3～E3 这个单元格区域的数据进行加法运算。

参数:参数可以是数字、文本、逻辑值或单元格引用等,也可以是常量、公式或其他函数。

结构:函数的结构以函数名称开始,后面依次是左圆括号、以逗号分隔的参数和右圆括号。如果函数以公式的形式出现,则在函数名称前面输入等号。Excel 2010 提供了几百个内置函数,用户还可以自己创建函数。

2）内置函数的类型

Excel 2010 提供了 300 多个内置函数,为了方便用户查询使用,可划分为十二种类型,如表 4-1 所示。

表 4-1　Excel 2010 内置函数的类型

函 数 类 型	功　　　能
财务函数	进行财务运算,如确定债券价值、固定资产年折旧额等
日期与时间函数	实现日期和时间的自动更新,或者在公式中分析处理日期与时间值
数学与三角函数	进行数学计算,包括取整、求和、求平均数以及计算正弦值/余弦值等三角函数
统计函数	对选中的单元格区域进行统计分析
查找与引用函数	在指定区域中查找指定数值或查找一个单元格引用
数据库函数	按照特定条件分析数据
文本函数	用于对字符串进行提取、转换等
逻辑函数	用于逻辑判断或者复合检验
信息函数	用于确定存储在单元格中的数据类型
工程函数	用于工程分析
多位数据集函数	用于联机分析处理(OLAP)数据库
加载宏和自定义函数	用于加载宏、自定义函数等

3）常用函数的介绍

Excel 2010 中的函数很多,但在日常工作中比较常用的函数并不多,如求和函数

(SUM)、平均值函数(AVERAGE)、条件函数(IF)、最大值函数(MAX)和最小值函数(MIN)等,下面分别介绍这几种常用函数的应用。

(1) 求和函数(SUM)。SUM()函数用于计算单元格区域中所有数值的和,其格式是 SUM(参数 1,参数 2,参数 3,…),其中参数可以是数值,如 SUM(2,6)表示计算 2+6,也可以是一个单元格的引用或一个单元格区域的引用,如 SUM(B1,B2)表示计算 B1+B2,而 SUM(B1:F4)表示求 B1:F4 单元格区域内各单元格中数值的和。

(2) 平均值函数(AVERAGE)。AVERAGE()函数用于计算参数中所有数值的平均值,其格式是 AVERAGE(参数 1,参数 2,参数 3,…),其中参数与 SUM()函数类似,如 AVERAGE(B3:B9)表示计算 B3:B9 单元格区域中所有数值的平均值。

(3) 条件函数(IF)。IF()函数是一种条件函数,其格式为 IF(条件,真值,假值),其中的"条件"是一个逻辑表达式,"真值"和"假值"都是数值或表达式。该函数表示当"条件"成立时,结果取"真值";否则取"假值"。

(4) 最大值函数(MAX)。MAX()函数用于求参数中数值的最大值,其格式为 MAX(参数 1,参数 2,参数 3,…),如 MAX(B1,B2,B3)表示求 B1、B2 和 B3 单元格中数值的最大值。

(5) 最小值函数(MIN)。MIN()函数用于求参数中数值的最小值,其格式为 MIN(参数 1,参数 2,参数 3,…),如 MIN(B1,B2,B3)表示求 B1、B2 和 B3 单元格中数值的最小值。

4) 插入函数

现在介绍三种在 Excel 2010 中插入函数的方法。

(1) 使用【插入函数】对话框插入函数。其操作方法是在工作表中选中要插入函数的单元格,单击【公式】/【函数库】组中的【插入函数】按钮,会弹出如图 4-41 所示的【插入函数】对话框,在【或选择类别】下拉列表框中选择所要的函数类型,然后在【选择函数】下拉列表中选择所要的函数,最后单击【确定】按钮。

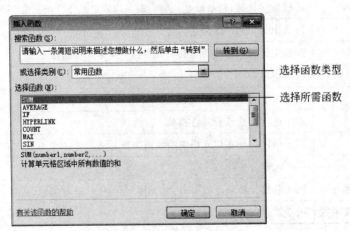

图 4-41　【插入函数】对话框

（2）使用功能区中的函数命令插入函数。其操作方法是在工作表中选中要输入公式的单元格，单击【公式】/【函数库】组中【自动求和】按钮 **Σ 自动求和**，可自动求和，如单击其右边的下三角按钮 ，弹出如图 4-42 所示的下拉列表，其中有 Excel 常用的函数，可选择所需的函数，然后按 Enter 键确认公式。

（3）直接输入函数。如果对自己要使用的函数非常了解，可在单元格或【编辑栏】中直接输入函数。以输入 SUM( )函数为例，其操作方法是选中要输入函数的单元格，然后在【编辑栏】中输入"＝SUM("，这时，会出现该函数的语法提示，如图 4-43 所示，根据提示输入参数即可。

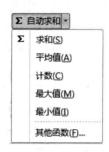

图 4-42 【自动求和】下拉列表项   图 4-43   直接输入函数弹出的提示

4.2.3 任务实施步骤

任务 1 实施统计学生成绩

设计目标

通过统计学生成绩，掌握如何插入函数的操作，并体验单元格相对引用的作用。

设计思路

· 打开图 4-33 工作表【学生成绩表】。

· 插入 Excel 中的 SUM( )和 AVERAGE( )函数。

· 进行自动填充公式操作。

设计效果

"统计学生成绩"设计效果如图 4-35 所示。

操作步骤

第 1 步：单击【文件】/【打开】选项，在【打开】对话框中找出"学生成绩表.xlsx"，然后单击【打开】按钮。

第 2 步：在政治的右侧 H2 单元格中输入"总分"，按 Enter 键确定；执行相同操作，在 A13 单元格中输入"平均分"。

第 3 步：选中 A1:H1 单元格区域，单击【开始】/【对齐方式】组中的【合并后居中】按钮。

第 4 步：选中 A13:B13 单元格区域，单击【开始】/【对齐方式】组中的【合并后居中】

按钮。

第5步：单击 H3 单元格，单击【公式】/【函数库】组中的【自动求和】按钮，然后按 Enter 键，则会显示出该学生的总分。

第6步：单击 H3 单元格，把光标移动到单元格的右下角，当光标变成"＋"形状时，按住鼠标左键向下进行拖拉到 H12 单元格，则会自动计算出学生各自的总分成绩。

第7步：单击 C13 单元格，单击【公式】/【函数库】组中的【自动求和】按钮右侧的下三角按钮，从弹出的下拉列表中选择【平均值】选项，然后按 Enter 键，则会显示出数学这一门的平均分。

第8步：单击 C13 单元格，把光标移动到单元格的右下角，当光标变成"＋"形状时，按住鼠标左键向右进行拖拉到 G13 单元格，则会自动计算出各学科的平均分。

第9步：选择 H2：H12 单元格区域，单击【开始】/【对齐方式】组中的【居中】按钮；选择 A13：H13 单元格区域执行相同的操作进行居中对齐。

第10步：选择 A1：H13 单元格区域，单击【开始】/【字体】组中的【边框】按钮▦ ▾右侧的下拉按钮，从弹出的下拉列表中选择【其他边框】选项，从而弹出【设置单元格格式】对话框，并切换到【边框】选项卡，先在【样式】中选择较细的直线样式，在【颜色】中选择"黑色"，再单击【内部】按钮；再在【样式】中选择双线的直线样式，在【颜色】中选择"蓝色"，再单击【外边框】按钮，最后单击【确定】按钮。

第11步：按 Ctrl+S 组合键进行保存，在打开的【另存为】对话框中，以"统计学生成绩"为名保存工作簿。

任务2　实施统计职工工资

设计目标

通过统计职工工资，掌握如何使用 Excel 的常用函数的操作。

设计思路

- 打开 4.1.4 的【职工工资表】。
- 输入公式操作。

设计效果

"统计职工工资"设计效果如图 4-36 所示。

操作步骤

第1步：单击【文件】/【打开】选项，在【打开】对话框中找出"职工工资表.xlsx"，然后单击【打开】按钮。

第2步：单击 J2 单元格，输入"应扣工资"，按 Enter 键确定；执行相同操作，在 K2 单元格中输入"实发工资"，按 Enter 键确定。

第3步：单击 J3 单元格，输入"＝SUM(H3：I3)"(因应扣工资是水电费和天然气之和)，按 Enter 键，则会自动更正 J3～J12 单元格的显示结果。

第4步：单击 K3 单元格，输入"＝SUM(D3：G3)－J3"(因实发工资是全部收入减去应扣工资之差)，按 Enter 键，则会自动更正 K3～K12 单元格的显示结果。

第 5 步：选择 A1:K1 单元格区域，单击【开始】/【对齐方式】组中的【合并后居中】按钮，实现标题居中效果。

第 6 步：选择 A1:K12 单元格区域，单击【开始】/【字体】组中的【边框】下三角按钮，从弹出的下拉列表中选择【其他边框】选项，弹出【设置单元格格式】对话框，并切换到【边框】选项卡，先在【样式】列表中选择较粗的直线样式，在【颜色】下拉列表中选择"红色"，再单击【外边框】按钮，最后单击【确定】按钮。

第 7 步：按 Ctrl＋S 组合键进行保存，在打开的【另存为】对话框中，以"统计职工工资"为名保存工作簿。

任务 3　实施分析和评定学生等级

设计目标

通过分析和评定学生等级，掌握插入函数的操作，理解 IF()、MAX()、MIN()、COUNTIF()、AVERAGE()等函数的作用。

设计思路

- 制作工作表，输入工作表数据。
- 插入 IF()、MAX()、MIN()、COUNTIF()、AVERAGE()等函数。

设计效果

"分析和评定学生等级"设计效果如图 4-37 所示。

操作步骤

第 1 步：启动 Excel 2010 软件，选择 A1:K1 单元格区域，单击【开始】/【对齐方式】组中的【合并后居中】按钮，然后输入"第二学期计算机应用成绩分析表"，按 Enter 键确定，选择该单元格区域并单击【开始】/【字体】组中的【加粗】按钮，将文字加粗。

第 2 步：单击 A3 单元格，输入"101"，把光标移至 A3 单元格右下角，当鼠标光标变成十形时，按住 Ctrl 键，向下拖至 A17 单元格，并输入如图 4-44 所示的数据。

第二学期计算机应用成绩分析表								
学号	姓名	平时成绩	期中考试	期末考试	总评成绩	总评成绩等级	总评成绩总分	
101	孙一	81	87	80			总评成绩平均分	
102	张三	85	85	90			总评成绩最高分	
103	李四	50	50	69			总评成绩最低分	
104	王五	50	57	78			总评成绩不及格人数	
105	赵前	66	79	68				
106	陈佳	78	68	78				
107	石磊	87	90	94				
108	金鑫	60	60	50				
109	刘文	80	77	67				
110	王娜	85	67	89				
111	杨阳	90	78	88				
112	李钊	64	89	77				
113	韩伟	69	60	40				
114	黄莉	76	88	66				
115	张洋	86	76	78				

图 4-44　工作表中的数据

第3步：选择 A1:G17 单元格区域,单击【开始】/【对齐方式】组中的【居中】按钮。

第4步：选中 F 和 I 两列单元格,单击【开始】/【数字】组中的【常规】下三角按钮,在弹出的下拉列表中选择【数字】选项,然后再单击【减少小数位数】按钮,将小数位调整到一位。

第5步：选中 F3 单元格,输入公式"＝C3＊0.3＋D3＊0.3＋E3＊0.4"(因总评成绩按平时成绩占 30%,期中考试成绩占 30%,期末考试成绩占 40%来计算),然后按 Enter 键,则会显示出该学生的总评成绩。

第6步：单击 F3 单元格,把鼠标移至 F3 单元格的右下角,当鼠标光标变成田形状时,按住鼠标向下拖到 F17 单元格,则会自动显示每位学生的总评成绩。

第7步：单击 G3 单元格,输入公式"＝IF(F3＞＝80,"优秀",IF(F3＞＝60,"良好","不及格"))"(80 分以上为优秀,60～80 分为良好,60 分以下为不及格),按 Enter 键确定。

第8步：单击 G3 单元格,把光标移至 G3 单元格的右下角,当光标变成田形状时,按住鼠标向下拖到 G17 单元格,则会自动显示每位学生的总评成绩等级。

第9步：选中 I2 单元格,单击【开始】/【函数库】组中的【插入函数】按钮,会弹出【插入函数】对话框,选择 SUM 函数,单击【确定】按钮,会弹出【函数参数】对话框,单击 Number1 右侧的【折叠】按钮,选择 F3:F17 单元格区域,再单击【展开】按钮,然后单击【确定】按钮即可。

第10步：计算总评成绩平均分、总评成绩最高分、总评成绩最低分的操作过程类似计算总评成绩总分,只是所选用的函数不同,可仿照第 9 步的操作,计算总评成绩平均分用 AVERAGE()函数,计算总评成绩最高分用 MAX()函数,计算总评成绩最低分用 MIN()函数。

第11步：单击 I6 单元格,输入"＝COUNTIF(F3:F17,"＜60")"后按 Enter 键,即可计算出不及格人数。

第12步：选择 A1:I17 单元格区域,单击【开始】/【字体】组中的【边框】下三角按钮,从弹出的下拉列表中选择【其他边框】选项,从而弹出【设置单元格格式】对话框,并切换到【边框】选项卡,先单击【内部】按钮,再单击【外边框】按钮,最后单击【确定】按钮。

第13步：按 Ctrl＋S 组合键进行保存,在打开的【另存为】对话框中,以"分析和评定学生等级"为名保存工作簿。

4.2.4　上机实训

实训1　统计学生出勤情况

实训目的

掌握公式的使用操作。

实训内容

统计学生出勤情况,求出【总缺勤天数】和【总计:】的结果。

实训步骤

- 制作如图 4-45 所示的工作表。

学生出勤统计表

学号	姓名	病假天数	事假天数	旷缺	总缺勤天数
101	刘万权	2			
102	张旺旺			2	
103	梁文青	10	2		
104	刘晓佳		3		
105	郑成				
106	韩伟	4		1	
107	张东东				
108	罗晓霞	5			
109	梁甜甜				
110	张小红		1		
总　计：					

图 4-45　学生出勤统计表数据

- 输入公式统计出【总缺勤天数】和【总计：】的结果。
- 以"统计学生出勤情况"为名保存工作簿。

实训 2　统计超市销售情况

实训目的

掌握使用函数的操作。

实训内容

统计超市销售情况,求出【总销售】和【平均销售】的结果。

实训步骤

- 制作如图 4-46 所示的工作表。

一季度超市销售量统计表

名称	一月份	二月份	三月份	四月份	总销售	平均销售
电视机	245	334	263	274		
洗衣机	364	474	255	297		
电磁炉	684	725	785	762		
冰箱	285	384	385	374		
微波炉	624	642	585	596		
空调	463	376	474	407		
电饭煲	952	874	757	797		
音箱	574	484	689	693		

图 4-46　超市销售统计表数据

- 使用 Excel 自带的函数统计【总销售】和【平均销售】的结果。
- 以"统计超市销售情况"为名保存工作簿。

实训3 统计差旅费

实训目的

掌握使用手动输入公式和函数的结合应用,自动填充公式的操作。

实训内容

统计差旅费,求出【实际费用】和【应补给金额】的结果。

实训步骤

- 制作如图 4-47 所示的工作表。
- 输入公式统计出【实际费用】和【应补给金额】的结果,可利用自动填充公式。
- 以"统计差旅费"为名保存工作簿。

差旅费统计表

所属部门	报销人	出差日期	火车票/飞机票	费用明细				预借金额	实际费用	应补给金额
				交通费	住宿费	电话费	其他费用			
经理室	甲	9.20-9.30	2000	500	1000	300	500	500		
办公室	乙	9.21-9.25	2000	600	500	100	600	1000		
业务部	丙	9.22-10.1	2000	700	100	100	700	500		
后勤部	丁	9.25-9.27	200	300	200	100	800	200		
技术部	寅	9.30-10.3	4000	1000	5000	200	1000	3000		

图 4-47 差旅费统计表数据

4.3 数据管理及图表的应用

4.3.1 任务导入及问题提出

任务1 高级筛选"学生成绩"

高级筛选"学生成绩",筛选出语文、数学、英语三科都要大于或等于 75 分,且总分大于 350 分的学生,设计效果如图 4-48 所示。

学生成绩表

学号	姓名	数学	语文	英语	计算机	政治	总分
9001	刘万权	98	87	78	89	69	421
9004	刘晓佳	79	98	90	48	76	391
9006	韩伟	98	87	89	62	58	394

图 4-48 高级筛选"学生成绩"后的效果

任务2 创建"学生成绩条形图"

创建"学生成绩条形图",纵坐标轴标题是学生名,横坐标轴标题是分数,图表的标题为"学生成绩条形图",设计效果如图 4-49 所示。

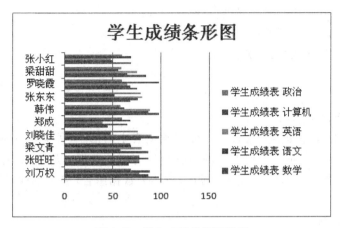

图 4-49　学生成绩条形图效果

任务 3　创建“员工训练成绩饼图”

创建“员工训练成绩饼图”，图表的标题为“员工训练成绩表”，创建“分离型三维饼图”，设计效果如图 4-50 所示。

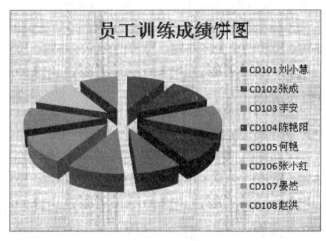

图 4-50　员工训练成绩饼图效果

任务 4　创建“商品销售情况透视表”

用数据透视表分析 A、B、C 三个商场各销售员在不同月份的商品销售情况，最终的设计效果如图 4-51 所示。

月份	(全部)			
平均值项:销售量	列标签			
行标签	冰箱	彩电	洗衣机	总计
⊟A商场	79	81	76	79
费通	79	82	76	79
王仪		77		77
吴一进		83	75	80
⊟B商场	78	82	72	77
马瑾	60	82	65	69
王永民	86	81	62	79
张成	80		89	83
⊟C商场	94	66	78	76
石建飞	93	44	85	66
万春	94	93		94
张超林		82	75	77
总计	**82**	**76**	**76**	**78**

图 4-51　商品销售情况透视表效果

问题与思考

- Excel 2010 是如何对数据进行排序的？
- Excel 2010 主要有哪几种筛选方式？

- Excel 2010 是如何对数据进行分类汇总的?
- Excel 2010 预置了哪些常用的图表类型?
- 如何修改图表的样式、数据、大小和位置?

4.3.2 知识点

1. 数据的排序

Excel 的数据排序功能是指根据存储在数据表中的信息、种类将数据按一定的方式进行重新排列,可将一列或多列无序的数据变成有序的数据,以便于快速查看和管理数据。排序分为按单列数据(一个条件)排序、按多列数据组合(多个条件)排序和自定义条件排序三种。

1) 单列数据排序

单列数据排序是指对工作表进行排序时只对其中的一列单元格进行数据排序。其操作方法:打开要进行排序的工作表,选择任意一个有数据的单元格,单击【数据】/【排序和筛选】组中的【排序】按钮 $\begin{smallmatrix}A\\Z\end{smallmatrix}\begin{smallmatrix}Z\\A\end{smallmatrix}$,会打开如图 4-52 所示的【排序】对话框,在【主要关键字】下拉列表中选择排序的关键字,在【排序依据】下拉列表中可选择排序的依据,在【次序】下拉列表中选择是按什么顺序排列的,设置完成后单击【确定】按钮。

图 4-52 【排序】对话框

还可以直接单击需要进行排序的列中任意一个单元格,然后单击【数据】/【排序和筛选】组中的【升序】按钮 或【降序】按钮 ,也能按单列进行相应的排序。

2) 多列数据组合排序

按多个条件排序可同时在多列数据间进行,排序方法和对单列数据排序的方法类似,其操作方法是选择需要进行排序的单元格区域,单击【数据】/【排序和筛选】组中的【排序】按钮,打开【排序】对话框,单击 按钮,如图 4-53 所示,依次设置各个排序条件,其设置方法同设置单列条件的方法类似。

当为排序添加多个条件后,发现某些条件不需要时,可在选择条件后,单击【排序】对话框中的 按钮。在【排序】对话框中单击 按钮,可复制原来的排序条件,只是【主要关键字】字样将变成【次要关键字】字样。

注:多列数据组合排序是先按【主要关键字】的设置进行排列的,当有相同的数据时,才根据【次要关键字】的设置进行排列,如还不够,可继续【添加条件】进行设置。

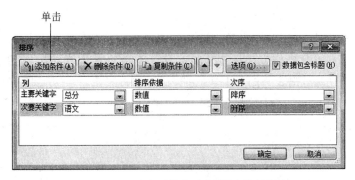

图 4-53 设置多列排序时的【排序】对话框

3）自定义条件排序

在对数据进行排序时，为了能更清晰地查看排序的结果，可根据需要自定义条件排序。所谓自定义条件排序，就是设置多个条件对数据进行排序，这样就能以其他条件对相同排序的数据进行排序。其操作方法：打开工作表，选择任意一个有数据的单元格，单击【数据】/【排序和筛选】组中的【排序】按钮，在打开的【排序】对话框中单击 选项(O)... 按钮，打开如图 4-54 所示的【排序选项】对话框，在【方向】栏中可设置是【按列排序】还是【按行排序】，在【方法】栏中可设置排序的方法，单击【确定】按钮，返回到【排序】对话框，设置相应的关键字和排序依据，在【次序】下拉列表框中选择【自定义序列】选项，弹出如图 4-55 所示的【自定义序列】对话框，可在对话框【自定义序列】列表中选择所需的选项，如都没有所需的，则可选择【新序列】选项，然后在右侧的【输入序列】文本框中自行定义，最后依次单击【确定】按钮。

图 4-54 【排序选项】对话框

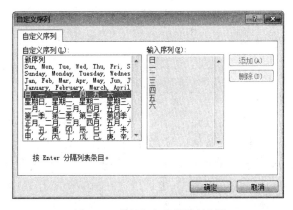

图 4-55 【自定义序列】对话框

注：选择了【自定义序列】中的【新序列】选项，可在右侧文本框中输入自定义的排序方式，输入的各字符之间的逗号应该是半角的，不能用全角。

2. 数据的筛选

为了在大型工作表中只显示满足条件的数据，Excel 2010 提供了数据筛选功能。该功能在对数据进行分析时经常使用，可以在表格中选择满足条件的数据信息，不符合条件的暂时隐藏。筛选主要有自动筛选、自定义筛选和高级筛选三种方式。

1）自动筛选

只需指定简单的筛选条件，自动筛选功能就可将满足条件的记录显示出来，而将不满足条件的记录隐藏。其操作方法是打开要进行筛选的工作表，单击【数据】/【排序和筛选】组中的【筛选】按钮 ，则表头的各字段右侧将显示 按钮，单击所要筛选的字段右侧的 按钮，在弹出的下拉列表中选择【数字筛选】中需要的复选项，最后单击【确定】按钮。

2）自定义筛选

自定义筛选功能是在自动筛选基础上进行的，它允许用户自定义筛选的条件，然后将符合条件的记录显示，隐藏不符合条件的记录。其操作方法是打开要进行筛选的工作表，单击【数据】/【排序和筛选】组中的【筛选】按钮 ，则表头的各字段右侧将显示 按钮，单击所要筛选的字段右侧的 按钮，在弹出的下拉列表项中单击【数字筛选】选项，弹出如图 4-56 所示的下一级列表，选择所需的选项（现选择【大于或等于】为例），会打开【自定义自动筛选方式】对话框，如图 4-57 所示，可输入条件数值，单击【确定】按钮。

图 4-56 【数字筛选】列表项

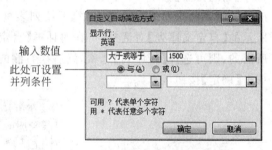

图 4-57 【自定义自动筛选方式】对话框

3）高级筛选

高级筛选可以筛选出同时满足两个或两个以上约束条件的数据。做高级筛选首先需要创建一个筛选条件区域，条件区域至少有两行，第一行用来放置列标题，下一行用来放置筛选条件。这里的列标题必须与表格中的列标题即字段变量完全一致。结果和条件区域可以放在原工作表中，也可以放在另一个工作表中。在执行高级筛选操作之前，应先将存放筛选结果的工作表作为当前工作表，即活动工作表，否则系统会弹出警告信息。

其操作方法是打开要进行筛选的工作表，选择无数据的单元格区域，输入筛选条件，单击【数据】/【排序和筛选】组中的 高级 按钮，会打开如图 4-58 所示的【高级筛选】对话框，在【方式】选项组中可选择显示结果的位置，系统会在【列表区域】文本框中自动显

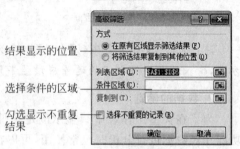

图 4-58 【高级筛选】对话框

示出单元格区域,如区域不对可单击右侧的折叠按钮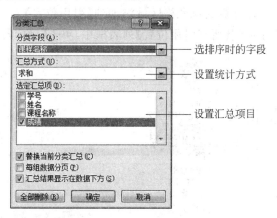,然后用鼠标拖拉方法重新选择筛选的单元格区域,单击展开按钮,返回到【高级筛选】对话框。单击【条件区域】右侧的折叠按钮,用鼠标拖拉方法选择刚才输入筛选条件的单元格区域,单击展开按钮,返回到【高级筛选】对话框,最后单击【确定】按钮,即可在工作表中看到筛选后的结果。

3. 分类汇总

为了便于查看工作簿中的数据,可以使用 Excel 2010 中的分类汇总功能管理数据。分类汇总对工作表中指定的字段进行分类,然后统计同一类记录的有关信息。统计的内容可以由你指定,也可以统计同一类记录中的记录条数,还可以对某些数据段求和、求平均值、求极值等。

1) 分类汇总数据

在进行分类汇总操作之前,需要先对数据进行排序操作。并且,这样的排序是针对分类汇总操作的字段进行的。

其操作方法是打开已按某字段进行排序好的工作表(假如以"课程名称"字段为例),选择任意一个有数据的单元格,单击【数据】/【分级显示】组中的 ▦ 按钮,会打开如图 4-59 所示的【分类汇总】对话框,在【分类字段】下拉列表中选择刚才排序的字段(此时选择【课程名称】选项),在【汇总方式】下拉列表中可设置统计的方式(求和、求平均值还是其他),在【选定汇总项】列表框中可选择所需要的复选项,对话框下边的复选项可设置汇总结果显示的位置,设置完成后,单击【确定】按钮。

图 4-59　【分类汇总】对话框

注:要使用分类汇总功能,电子表格必须具备表头名称,因为 Excel 是使用表头名称来决定如何创建数据组和计算总和的。在【分类汇总】对话框中选中【每组数据分页】复选框,分类汇总的结果将分页显示。

2) 显示或隐藏分类汇总结果

显示或隐藏分类汇总可以更方便地对表格中的数据进行查看。其操作方法是打开已进行分类汇总的表格,表格左侧显示了三个不同级别分类汇总的按钮 ①、② 和 ③,单击它们可以显示分类汇总和总计汇总,如果要更详细地查看数据还可以单击 ⊞ 按钮,显示被隐藏的分类汇总项目,显示后 ⊞ 按钮将变成 ⊟ 按钮,单击 ⊟ 按钮,可隐藏不需要的分类汇总项目。

3）删除分类汇总

当不需要表格中的分类汇总时,就可以将其删除。其操作方法是单击【数据】/【分级显示】组中的【分类汇总】按钮,在打开的【分类汇总】对话框中单击【全部删除】按钮即可将表格中创建的分类汇总删除。

4. 数据工具

在 Excel 2010 中可以通过数据工具对表格中的数据进行统计管理,如合并计算、删除重复项和设置数据的有效性等。

1）合并计算

如果需要汇总和报告多张单独工作表的结果,可以将每张单独工作表中的数据合并计算到一张主工作表中。这些工作表可以与主工作表在同一个工作簿中,也可以位于其他工作簿中。对数据进行合并计算就是组合数据,以便能够更容易地对数据进行更新和汇总。

其操作方法是打开工作表,选中要显示结果的单元格,单击【数据】/【数据工具】组中的 合并计算 按钮,打开如图 4-60 所示的【合并计算】对话框,在【函数】下拉列表中可选择合并计算的方式,单击【引用位置】文本框后的折叠按钮,打开【合并计算—引用位置】对话框,用鼠标拖拉要参加计算的单元格区域,单击展开按钮,返回到【合并计算】对话框中,单击【添加】按钮,将选择的单元格区域应用到【所有引用位置】列表框中,可用相同的方法将其他要参加计算的单元格区域添加到【引用位置】文本框中,单击【添加】按钮即可将引用单元格添加到【所有引用位置】列表框中,单击【确定】按钮。

图 4-60　【合并计算】对话框

注：如果要计算的工作表在另一个工作簿中,则可单击【浏览】按钮,在打开的对话框中打开需要参与计算的工作簿,然后在【引用位置】文本框中的感叹号后面输入工作表中的单元格地址。

2）删除重复项

如工作表中要输入很多记录,难免会重复输入相同的数据,那么要删除工作表中完全相同的值,可使用 Excel 2010 中的删除重复项功能。其操作方法是打开要操作的工作表,单击【数据】/【数据工具】组中的删除重复项按钮,会打开如图 4-61 所示的【删除重复项】对话框,在【列】列表框中选择会出现重复的复选项,单击【确定】按钮,返回工作表时,会弹出提示对话框提示发现多少个重复项,单击【确定】按钮即可删除重复项。

图 4-61　【删除重复项】对话框

若要快速选择表格中的所有列,在【删除重复项】对话框中单击【全选】按钮。若要快速取消选择的所有列,单击【取消全选】按钮。

3)设置数据的有效性

在进行数据输入时,为了减少输入出错的机会,可以对单元格或单元格区域进行数据有效性设定。其操作方法是选择希望改变其数据有效性范围或相关提示信息的单元格,单击【数据】/【数据工具】组中的 数据有效性 按钮,会打开如图 4-62 所示的【数据有效性】对话框,可在每个选项卡上进行选定或修改所需的选项,再单击【确定】按钮即可。系统默认的有效性条件为【任何值】。

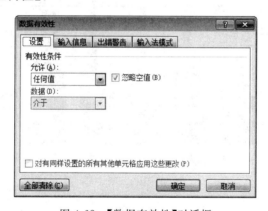

图 4-62　【数据有效性】对话框

5. 图表的应用

图表是由工作表中的数据生成的,它能形象地反映出数据的对比关系及趋势,将抽象的数据形象化。

1)图表类型

Excel 2010 预置了常用的 11 种图表类型和几十种自定义图表类型,这些预置的图表类型已能满足大部分用户生活和工作的需要,使用时直接调用即可。不同的图表类型具有各自表现数据的特点,表 4-2 列出图表类型和它典型的用途。

表 4-2　图表的类型及用途

图表类型	用　　途
柱形图	在竖直方向上比较不同类型的数据
折线图	按类别显示一段时间内数据的变化趋势
饼图	在单组中描述部分与整体的关系
条形图	在水平方向上比较不同类型的数据
面积图	强调一段时间内数值的相对重要性
XY 散点图	描绘两种相关数据的关系
股价图	综合了柱形图和折线图,专门设计用来跟踪股票价格
曲面图	当第三个变量改变时,跟踪另外两个变量的变化轨迹,是一个三维图
圆环图	以一个或多个数据类别来对比部分与整体的关系;在中间有一个更灵活的饼状图
气泡图	突出显示值的聚合,类似于 XY 散点图
雷达图	表明数据或数据频率相对于中心点的变化

创建图表后,会形成一个绘图层,也称为图表区。一般图表区中包括绘图区、图表标题区、图表图例区和坐标轴,如图 4-63 所示。

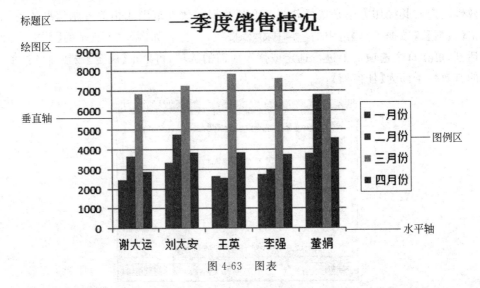

图 4-63　图表

(1) 绘图区。不同图表形状的绘图区有所不同。在条形图等有坐标的图表中,绘图区是指以两条坐标轴为界的矩形区域。用于显示创建的图表形状。而在饼图和圆环图等没有坐标的图表中,绘图区是指存放数据系列图形的矩形区域。

(2) 图表标题区。用于存放图表标题,默认情况下在绘图区上方。如果图表中只有一列数据,那么图表标题会默认为该列数据的字段名称。如果图表含有两列数据,默认情况下无图表标题,用户可手动添加图表标题。

(3) 图表图例区。图例是用来解释不同数据系列代表的意义,每一个数据系列的名称就是一个图例标题。图例中的颜色即是所表示的数据系列的颜色。

(4) 坐标轴。坐标轴是用来定义坐标系的一组直线。一般分为垂直轴(又称值轴)和水平轴(又称类别轴)。

2) 创建和编辑图表

在 Excel 中可以用图表的形式直观地将数据表现出来。当为数据创建了相应的图表后,可以非常方便地观察数据的大小和变化情况。创建图表后还可根据需要对其进行修改。

(1) **创建图表**。在 Excel 中可以根据工作表中的数据方便地创建各种类型的图表,创建图表的方法主要有通过【图表】组的图表按钮进行创建和通过图表向导创建图表。

- 通过【图表】组创建。使用【图表】组中的图表按钮创建图表的操作方法是打开工作表,选择单元格区域,单击【插入】选项卡,在【图表】选项组中单击所需要的图表类型按钮,在打开的下拉列表中选择所需要的图表选项,此时在工作表中将插入所选图表样式的图表,在工作表空白处单击确认创建的图表。

- 通过图表向导创建图表。使用图表向导创建图表的操作方法是打开工作表,选择单元格区域,单击【插入】/【图表】组中的【对话框启动器】按钮 ，弹出如图 4-64 所示的【插入图表】对话框,在左侧导航窗格中选择图表类型,在右侧导航窗格中选择子图表类型,单击【确定】按钮,此时将在工作表中插入所选图表样式的图表,在工作表空白处单击确认创建的图表。

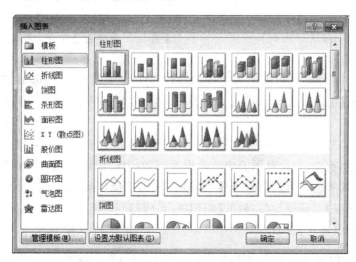

图 4-64　【插入图表】对话框

(2) **修改图表**。在工作表中创建图表后,其效果一般都不能满足实际需求,还要调整图表的位置和大小、修改图表中的数据等,以满足不同的需要。

- 调整图表位置。在工作表中创建的图表,可能会挡住工作表中的数据,这时可以将图表移动到工作表中的空白处。除此之外,还可以对图表中的绘图区、图例区等进行移动。其操作方法是打开工作表,选中图表,移动光标到图表的图表区上,当光标变成 形状时,按住鼠标左键将其拖动到需要的位置后释放鼠标。

- 调整图表大小。创建的图表是根据表格的大小显示出来的。如果创建的图表太小,将不能完全显示或显示不清楚图表的含义,这时可以适当地调整图表的大小。

其操作方法是打开工作表,选中图表,移动光标到图表区的右上角,当光标变成
形状时,按住鼠标左键,此时光标变成╋形状,拖动图表边框到需要的表格大
小后释放鼠标。

还可以通过在【图表工具】/【格式】选项卡的【大小】选项组中,单击【形状高度】和【形
状宽度】文本框中的微调按钮来调整图表大小。

- 修改图表数据。图表中的数据与单元格中的数据是动态链接关系,若发现表格中
  的数据错误可及时更改。修改数据的操作方法是:选择要改变数据的单元格,重
  新输入数据后按 Enter 键。因为图表中的数据信息与单元格中的数据是同步显
  示的,所以修改单元格中的数据后,图表上的图形也会同步进行改变。

3)美化图表

一张漂亮的图表不仅可以给人以赏心悦目的感觉,而且可以展现图表所表达的含义。
在创建图表后,可以对其进行美化操作,包括更改图表类型、更改图表样式、删除图表中的
数据系列,设置坐标轴、网格线、图表背景和图表标题等。

(1)更改图表类型。更改图表类型的操作方法是打开工作簿,单击图表,然后单击
【图表工具】/【设计】/【类型】组中的【更改图表类型】按钮📊,打开【更改图表类型】对话
框,可在左侧导航窗格中选择图表类型,在右侧导航窗格中选择子图表类型,单击【确定】
按钮。

注:右击图表,从弹出的快捷菜单中执行【更改图表类型】命令,也可以弹出【更改图
表类型】对话框。

(2)更改图表样式。更改图表样式的操作方法是打开工作簿,选中图表,单击【图表
工具】/【设计】/【图表样式】组中的【其他】按钮▾,在弹出的下拉列表中选择所需的样式
即可。

(3)删除图表中的数据系列。在 Excel 中可以将图表中的部分数据系列删除而保持
工作表中的数据不变,即只对图表中的数据系列做删除操作。其操作方法是选择工作簿
中的图表,单击【图表工具】/【设计】/【数据】组中的【选择数据】按钮📊,会打开如图 4-65 所
示的【选择数据源】对话框,在左侧的【图例项(系列)】列表框中选择要删除的项目,依次单
击【删除】按钮和【确定】按钮即可。

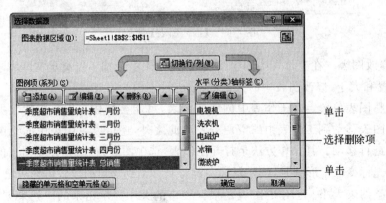

图 4-65　【选择数据源】对话框

（4）设置坐标轴格式。设置坐标轴的操作方法是右击要设置的坐标轴，从弹出的快捷菜单中选择  **设置坐标轴格式(F)...** 选项，弹出【设置坐标轴格式】对话框，设置相关的参数，单击【关闭】按钮即可。

（5）设置网格线。为了便于查看图表中的数据，可以在图表区中显示水平轴与垂直轴延伸出的水平网格线和垂直网格线。其操作方法是选中图表，单击【图表工具】/【布局】/【坐标轴】组中的【网格线】按钮，在弹出的下拉菜单中可以设置水平网格线和垂直网格线的效果，在其子菜单中可具体设置网格线的效果。

（6）设置图表背景。为图表设置相应的背景可以起到突出表达主题和美化图表的作用。其操作方法是选中工作表中的图表，单击【图表工具】/【布局】/【背景】组中的 **图表背景墙** 按钮，在弹出的下拉列表中选择【其他背景墙选项】选项，打开【设置背景墙格式】对话框，进行相关的设置，最后单击【关闭】按钮。

（7）添加图表标题。为图表添加标题后可以在不查看工作表中的具体数据的情况下，只查看图表就能了解该电子表格的主题。其操作方法是选择工作表中的图表，单击【图表工具】/【布局】/【标签】组中的【图表标题】按钮，在弹出的下拉列表中选择【图表上方】选项，在图表上方会出现【图表标题】的文本框，删除【图表标题】文本框中的文本，输入所要的标题，在其他任意位置单击鼠标确定输入。

（8）设置图表区格式。设置图表区格式的操作方法是在图表的任意位置处右击，在弹出的快捷菜单中选择 **设置图表区域格式(F)...** 选项，弹出如图 4-66 所示的对话框，在其中进行相关的设置，最后单击【关闭】按钮。

图 4-66 【设置图表区格式】对话框

（9）设置绘图区格式。设置绘图区格式与设置图表区格式的方法类似，其操作方法是右击绘图区，在弹出的快捷菜单中选择 **设置绘图区格式(F)...** 选项，弹出【设置绘图区格式】对话框，在其中进行相关的设置，最后单击【关闭】按钮。

（10）设置图例格式。设置图例格式与设置绘图区格式、设置图表区格式的方法类似，其操作方法是右击图例区，在弹出的快捷菜单中选择 **设置图例格式(F)...** 选项，弹出【设置图例格式】对话框，在其中进行相关的设置，最后单击【关闭】按钮。

6. 数据透视表与数据透视图

1）数据透视表

数据透视表是一种对大量数据进行快速汇总和建立交叉列表的交互式表格，可以对多种来源的数据（包括外部数据）进行汇总和分析，当原始数据发生变化后，只需单击【更新数据】按钮，数据透视表就会自动更新数据，还可以对已创建的数据透视表进行灵活修改。建立数据透视表的具体操作步骤如下。

（1）创建数据透视表。选中数据透视表所需的数据，单击【插入】/【表格】组中的【数据透视表】按钮，在弹出的【创建数据透视表】对话框中，可以进一步修改数据源（如需引用外部数据可在此对话框选择）和数据透视表放置的位置，如图 4-67 所示。

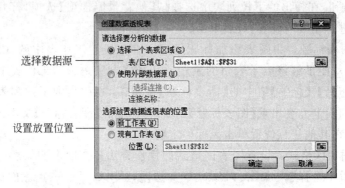

图 4-67 【创建数据透视表】对话框

（2）显示空的数据透视表。单击【创建数据透视表】对话框中【确定】按钮后出现空的数据透视表和"数据透视表字段列表"任务窗格。

（3）在数据透视表中添加字段。

（4）套用数据透视表样式。Excel 2010 有许多预设的数据透视表样式供选择，可以方便地修饰表格，可以在【数据透视表工具】/【设计】/【数据透视表样式】组中选择。

2）数据透视图

数据透视图是另一种数据的表现形式，与数据透视表不同的地方在于它可以选择适当的图形和多种颜色来描述数据的特性，能更形象地表现数据情况。建立数据透视图的步骤与数据透视表类似。

（1）创建数据透视图。选中数据透视图所需的数据，单击【插入】/【表格】组中的【数据透视表】下三角按钮中的【数据透视图】选项，在弹出的【创建数据透视图】对话框中，可以进一步修改数据源（如需引用外部数据可在此对话框选择）和数据透视图放置的位置。

（2）显示空的数据透视图。

（3）在数据透视图中添加字段。

（4）编辑数据透视图。编辑数据透视图时，编辑字段同数据透视表的操作相同；编辑图表操作同一般图表的编辑操作相同。

7. 打印设置

当一张工作表内容比较多时，常常需要分多张打印；另外，Excel 允许用户根据需要选择一个工作区域进行打印;一般情况下,打印前应先进行打印预览。按 Ctrl＋F2 组合键可进行打印预览,单击【关闭打印预览】即可退出。

Excel 2010 中的页面设置与 Word 2010 中的主要区别是工作表设置,所以这里只介绍【工作表设置】操作。其操作方法是单击【页面布局】/【页面设置】组中的【对话框启动器】按钮,在打开的【页面设置】对话框中单击【工作表】选项卡,界面如图 4-68 所示。

图 4-68　【页面设置】对话框中的【工作表】选项卡

各选项说明如下。

- 打印区域:可以利用右侧的【折叠】按钮选取要打印的区域。
- 打印标题:如果打印的内容较长,需分成多张打印,且要求在其他页面上具有与第一页相同的行标题或列标题,则可在框中的【顶端标题行】【左端标题列】指定标题行或标题列的行或列,即能打印输出符合要求的表格了。
- 网格线:设置是否打印表格线。
- 行号列标:设置是否打印行号和列标号。
- 批注:设置是否打印批注及批注的打印位置。
- 草稿品质:选中此项时,可加快打印速度,但打印质量就会下降。
- 打印顺序:【先列后行】规定垂直方向先分页打印,再考虑水平方向分页打印;【先行后列】规定水平方向先分页打印,再考虑垂直方向分页打印。

4.3.3　任务实施步骤

任务 1　实施高级筛选"学生成绩"

设计目标

通过高级筛选"学生成绩",掌握高级筛选的操作方法。

设计思路

- 打开"统计学生成绩.xlsx"工作簿。

- 创建筛选条件区域并输入筛选条件(语文、数学、英语三科都要大于或等于 75 分,且总分大于 350 分的学生)。
- 进行高级筛选操作。

设计效果

高级筛选"学生成绩"设计效果如图 4-48 所示。

操作步骤

第 1 步:启动 Excel 2010 软件,单击【文件】/【打开】选项,在【打开】对话框中找出"统计学生成绩.xlsx",然后单击【打开】按钮。

第 2 步:在 I2~L2 单元格中分别输入"数学""语文""英语"和"总分",在 I3~K3 单元格中都输入">=75",在 L3 单元格中输入">350",如图 4-69 所示。

第 3 步:单击【学生成绩表】中有数据的任意一个单元格,单击【数据】/【排序和筛选】组中的 高级 按钮,会打开【高级筛选】对话框,单击【列表区域】文本框右侧的【折叠】按钮,用鼠标拖拉选择 A2:H13 的单元格区域,再单击【展开】按钮,返回到【高级筛选】对话框中,单击【条件区域】文本框右侧的【折叠】按钮,用鼠标拖拉选择 I2:L3 的单元格区域,再单击【展开】按钮,返回到【高级筛选】对话框,此时的对话框如图 4-70 所示,单击【确定】按钮。

数学	语文	英语	总分
>=75	>=75	>=75	>350

图 4-69　高级筛选条件区域　　　　　　图 4-70　【高级筛选】对话框

第 4 步:单击【文件】/【另存为】选项,打开【另存为】对话框,在【文件名】文本框中输入"高级筛选'学生成绩'",单击【保存】按钮。

任务 2　实施创建"学生成绩条形图"

设计目标

通过创建"学生成绩条形图",掌握如何创建 Excel 的条形图表,以及如何修改图表的操作。

设计思路

- 打开"统计学生成绩.xlsx"工作簿。
- 创建 Excel 的条形图表。
- 选择图表样式、删除总分的数据系列、修改轴标签、添加标题。

设计效果

"学生成绩条形图"设计效果如图 4-49 所示。

操作步骤

第 1 步：启动 Excel 2010 软件，单击【文件】/【打开】选项，在【打开】对话框中找出"统计学生成绩.xlsx"，然后单击【打开】按钮。

第 2 步：选择 A1:H12 单元格区域，单击【插入】/【图表】组中的【条形图】按钮，在弹出的下拉列表中选择【簇状条形图】选项，即会在工作表中创建条形图。

第 3 步：选择图表，单击【图表工具】/【设计】选项卡，再单击【数据】组中的【选择数据】按钮，会打开【选择数据源】对话框，选中【图例项（系列）】中的【学生成绩表 总分】选项，单击【删除】按钮，如图 4-71 所示，即可把总分数据系列删除。

第 4 步：继续在【选择数据源】对话框中，单击【水平（分类）轴标签】列表中的【编辑】按钮，打开【轴标签】对话框，此时用鼠标拖拉选择 B3:B12 单元格区域（去掉学号单元格区域），单击【确定】按钮，会返回【选择数据源】对话框，再单击【确定】按钮。

第 5 步：选中图表，单击【图表工具】/【布局】选项卡，单击【标签】组中的【图表标题】按钮，在弹出的下拉列表中选择【图表上方】选项，图表上方会出现【图表标题】文本框。

第 6 步：删除【图表标题】文本框中的文本，输入"学生成绩条形图"，在其他任意位置单击鼠标确定输入。

第 7 步：单击【文件】/【另存为】选项，再打开【另存为】对话框，在【文件名】文本框中输入"学生成绩条形图"，单击【保存】按钮。

图 4-71　【选择数据源】对话框

任务 3　实施创建"员工训练成绩饼图"

设计目标

通过创建"员工训练成绩饼图"，继续掌握如何在 Excel 中创建图表，以及如何设置和修改图表的相关操作。

设计思路

• 新建工作簿，输入工作表数据。

- 创建 Excel 的饼图。
- 设置和修改图表。

设计效果

"员工训练成绩饼图"设计效果如图 4-50 所示。

操作步骤

第 1 步：启动 Excel 2010 软件，在 Sheet1 工作表中，选择 A1：C1 单元格区域，单击【开始】/【对齐方式】组中的【合并后居中】按钮，然后输入"员工训练成绩表"，按 Enter 键确定。

第 2 步：在其他单元格输入如图 4-72 所示的工作表数据。

第 3 步：选择 A1：C12 单元格区域，单击【插入】/【图表】组中的【饼图】按钮，在弹出的下拉列表中单击【分离型三维饼图】选项，即会在工作表中创建饼图。

第 4 步：选中图表并右击，在弹出的快捷菜单中，单击 📊 设置图表区域格式(F)... 选项，弹出【设置图表区格式】对话框，单击左侧的【填充】标签，在右侧选中【图片或纹理填充】单选按钮，单击【纹理】下三角按钮，在弹出的下拉列表中选择【纸莎草纸】选项，单击【关闭】按钮。

	A	B	C
1	员工训练成绩表		
2	编号	姓名	总成绩
3	CD101	刘小慧	269
4	CD102	张成	320
5	CD103	李安	365
6	CD104	陈艳阳	287
7	CD105	何艳	243
8	CD106	张小红	314
9	CD107	晏然	339
10	CD108	赵洪	288
11	CD109	黄艳丽	346
12	CD110	胡雪	274

图 4-72　员工训练成绩表数据

第 5 步：按 Ctrl＋S 组合键进行保存，在打开的【另存为】对话框中，以"员工训练成绩饼图"为名保存工作簿。

任务 4　实施创建"商品销售情况透视表"

设计目标

通过创建"商品销售情况透视表"，掌握如何在 Excel 中创建数据透视表，以及如何设置和修改数据透视表的相关操作。

设计思路

- 打开"商场商品销售情况表.xlsx"工作簿。
- 创建 Excel 的数据透视表。
- 设置和修改数据透视表。

设计效果

"商品销售情况透视表"设计效果如图 4-51 所示。

操作步骤

第 1 步：启动 Excel 2010 软件，单击【文件】/【打开】选项，在【打开】对话框中找出"商场商品销售情况表.xlsx"，然后单击【打开】按钮。

第 2 步：单击【插入】/【表格】组中的【数据透视表】按钮 📊，在弹出的【创建数据透视表】对话框中，修改数据源和数据透视表放置的位置，如图 4-73 所示，设置完成后单击【确定】按钮。

图 4-73　【创建数据透视表】对话框

第 3 步：在数据透视表中添加字段，在"数据透视表字段列表"任务窗格中勾选"选择要添加到报表的字段"列表框中的相关字段，包括"商场、销售员、月份、商品、销售量"，将"商品"字段拖动到列标签，"商场"和"销售员"拖动到行标签，"月份"拖动到报表筛选，"销售量"拖动到数值，单击数值区域需改变汇总方式的字段"销售量"，选择【值字段设置】选项，在打开的【值字段设置】对话框中选择【平均值】的计算类型，操作如图 4-74 所示。

图 4-74　图添加和移动字段

第 4 步：在【值字段设置】对话框中单击 数字格式(N) 按钮，打开【设置单元格格式】对话框，在【分类】栏中选择【数值】，将小数数位设为 0，再单击【确定】按钮。

第 5 步：Excel 2010 有许多预设的数据透视表样式供选择，单击【数据透视表工具】/【设计】/【数据透视表样式】组中选择"数据透视表样式中等深浅 2"样式，效果如图 4-51 所示。

第6步：单击【文件】/【另存为】选项，在打开【另存为】对话框，在【文件名】文本框中输入"商品销售情况透视表"，单击【保存】按钮。

4.3.4 上机实训

实训1 制作"分类汇总职工基本情况表"

实训目的

掌握分类汇总的操作。

实训内容

制作"分类汇总职工基本情况表"，效果如图4-75所示。

1 2 3		A	B	C	D	E	F	G	H
	1	分类汇总职工基本情况表							
	2	职工编号	姓名	性别	职称	学历	年龄	参加工作时间	联系电话
	3	50002	李海儿	男	副教授	本科	37	1993年6月22日	3456124
	4	50006	李文如	女	副教授	研究生	47	1985年1月18日	7894231
	5	50008	宋成城	男	副教授	本科	40	1990年3月3日	6678354
	6				副教授 平均值		41		
	7	50003	李静	女	讲师	本科	34	1996年8月18日	2314950
	8	50004	马东升	男	讲师	本科	31	2000年9月21日	2280369
	9	50005	钟尔慧	男	讲师	本科	37	1993年7月10日	2687654
	10				讲师 平均值		34		
	11	50001	郑含因	女	教授	研究生	58	1972年6月10日	2567891
	12	50007	林寻	男	教授	博士	52	1978年6月15日	5478453
	13				教授 平均值		55		
	14	50009	王晓宁	男	助教	本科	30	2000年2月15日	4129874
	15	50010	钟成梦	女	助教	本科	46	1984年5月30日	2331490
	16				助教 平均值		38		
	17				总计平均值		41		

图4-75 【分类汇总职工基本情况表】效果

实训步骤

- 打开"职工基本情况表.xlsx"工作簿。
- 对【职称】进行按【字母排序】的方法升序排列。
- 以【职称】为分类字段，汇总各种职称的平均年龄值。
- 以"分类汇总职工基本情况表"为名保存工作簿。

实训2 制作"超市销售折线图"

实训目的

掌握制作折线图表的操作。

实训内容

制作"超市销售折线图"，效果如图4-76所示。

实训步骤

- 打开"统计超市销售情况.xlsx"工作簿。

- 制作折线图表，设置图表标题和蓝白的渐变背景。
- 以"超市销售折线图"为名保存工作簿。

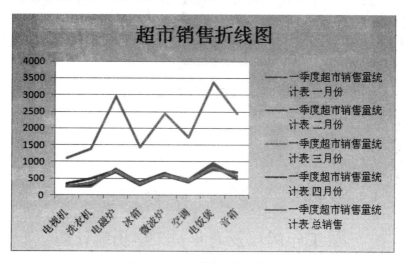

图 4-76　超市销售折线图效果

实训 3　制作"差旅费分析柱形图"

实训目的

掌握制作柱形图表的操作。

实训内容

制作"差旅费分析柱形图"，效果如图 4-77 所示。

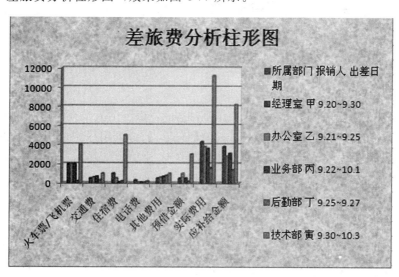

图 4-77　差旅费分析柱形图效果

实训步骤

- 打开"统计差旅费.xlsx"工作簿,把"费用明细"单元格的内容清除,并进行拆分, 然后各自与下面的单元格合并。
- 制作柱形图表,设置图表标题、图表样式选择【样式34】、背景用图案填充。
- 以"差旅费分析柱形图"为名保存工作簿。

实训4 制作"员工年龄段及青年员工学历统计图"

实训目的

掌握制作复合条饼图的操作。

实训内容

制作"员工年龄段及青年员工学历统计图",效果如图4-78所示。

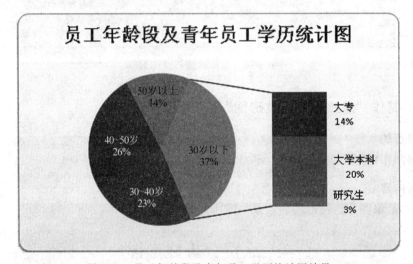

图4-78 员工年龄段及青年员工学历统计图效果

实训步骤

- 打开"员工学历情况表.xlsx"工作簿,把30岁以下的人数在学历统计中体现。
- 制作复合条饼图,设置图表样式选择【样式5】、背景用绿到白渐变色填充,为图表 添加标题"员工年龄段及青年员工学历统计图"。
- 以"员工年龄段及青年员工学历统计图"为名保存工作簿。

第 5 章

演示文稿的制作与应用

目前，PowerPoint 的应用领域已越来越广泛，在工作汇报、企业宣传、产品推介、婚礼庆典、项目竞标、管理咨询、教育培训等领域都有大量使用。它能帮助演讲者更好地表达观点、演示成果、传达信息，为人们的日常学习、工作和生活带来了极大便利。特别是 PowerPoint 在创作演示文稿方面有着广泛的作用，它可以把演讲的主题、要点和所引用的数据、图表甚至动画、音频、视频片段组合在一起，集多种媒体于一体，既便于讲解，更有利于观众理解，起到引人入胜、增强活动效果的目的。

PowerPoint 2010 是 Microsoft 公司推出的 Office 2010 办公软件的主要组件之一，如果在前面学会用 Word 2010、Excel 2010 这些软件，再来学习使用 PowerPoint 2010 制作演示文稿就很简单了。因为它们的命令按钮和功能区都大致相同。

本章主要内容

- PowerPoint 2010 的工作界面；
- 演示文稿的基本操作；
- 幻灯片的基本操作；
- 设计幻灯片；
- 母版的创建与设置；
- 幻灯片的动画设置；
- 演示文稿的放映设置与打包。

能力培养目标

要求学生熟练掌握演示文稿的基本操作、幻灯片的基本操作、编辑幻灯片、设置幻灯片动画效果等方面操作方法，会使用 PowerPoint 2010 制作演示文稿。

任务导入及问题提出

任务1　制作"小故事演示文稿"

制作一个"使自己成为珍珠"寓言故事的演示文稿，设计效果如图 5-1 所示。

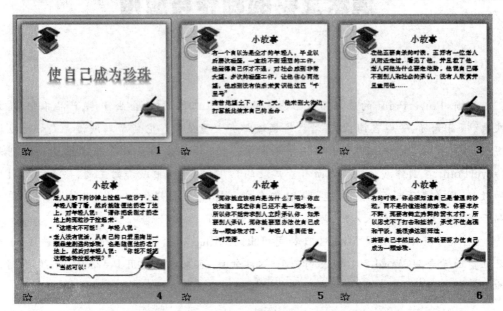

图 5-1　"使自己成为珍珠"演示文稿的效果

任务2　制作"相册"

使用 PowerPoint 2010 已安装的模板快速制作相册的演示文稿，设计效果如图 5-2 所示。

任务3　制作"旅游宣传文稿"

制作"旅游宣传文稿"的演示文稿，单击第 1 张幻灯片上的"景点""特产""美食""酒店"和"线路"按钮会进入相应的幻灯片，单击第 2～6 张幻灯片上的"返回"按钮会相应返回到第 1 张幻灯片，设计效果如图 5-3 所示。

问题与思考

- 演示文稿有哪些基本操作？
- 如何在幻灯片中添加文字和图片？
- 如何将自己制作的幻灯片保存为母版，方便下一次重复使用？
- 幻灯片的放映方式有哪几种？

图 5-2　"相册"演示文稿的效果

图 5-3　"旅游宣传文稿"演示文稿的效果

• 幻灯片制作完成后如何进行打包?

知识点

1. PowerPoint 2010 的工作界面

PowerPoint 2010 的工作界面与 Word 2010、Excel 2010 类似,也是由标题栏、功能区、选项卡、状态栏、编辑区等组成,其操作方法也类似。其工作界面如图 5-4 所示。

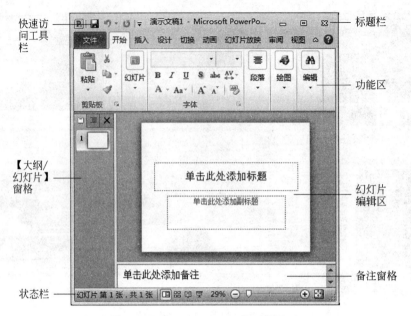

图 5-4　PowerPoint 2010 的工作界面

　　PowerPoint 2010 能够以不同的视图方式来显示演示文稿的内容,使演示文稿易于浏览,便于编辑。PowerPoint 2010 提供了以下几种视图。

1) 普通视图

　　在默认情况下,启动 PowerPoint 2010 进入的界面即为普通视图。普通视图由三部分组成:幻灯片窗格与大纲窗格的切换窗格(包括【幻灯片】选项卡/【大纲】选项卡)、幻灯片窗格以及备注窗格,如图 5-5 所示。一般情况下,在编辑幻灯片时都使用普通视图。

图 5-5　普通视图界面

（1）【幻灯片】窗格。在【幻灯片】窗格中一次只能显示一张幻灯片，如果想查看其他幻灯片中的内容，需要在左侧窗格中单击相应的幻灯片进行切换。

（2）【大纲】窗格。如果幻灯片是以文字为主要内容的，则使用【大纲】窗格更适合查看幻灯片内容。打开演示文稿，在普通视图左侧导航窗格中单击【大纲】标签，可切换到大纲视图，如图 5-6 所示。

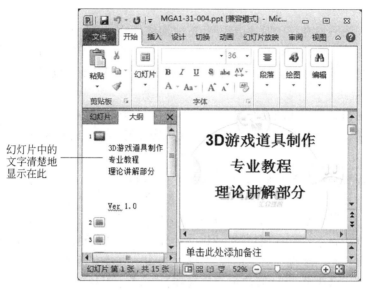

图 5-6　普通视图中的【大纲】窗格

2）幻灯片浏览视图

在【视图】选项卡的【演示文稿视图】组中，单击【幻灯片浏览】按钮，即可从普通视图方式切换到幻灯片浏览视图方式，一张张幻灯片以缩小显示，如图 5-7 所示。

图 5-7　幻灯片浏览视图效果

3) 幻灯片放映视图

幻灯片放映视图用于向受众放映演示文稿。幻灯片放映视图会占据整个计算机屏幕,这与受众观看演示文稿时在大屏幕上显示的演示文稿完全一样,可以重看图形、计时、电影、动画效果和切换效果在实际演示中的具体效果。按 Esc 键即可退出幻灯片放映视图。

4) 备注页视图

备注页视图一般在打印时才会用到,有时演讲者会在备注页里加一些信息,但是这个备注页里的信息在放映幻灯片的时候是看不到的,只有在打印的时候才会打印出来。通过在【视图】选项卡的【演示文稿视图】组中,单击【备注页】按钮来切换到备注页视图方式。

5) 阅读视图

阅读视图与幻灯片放映视图类似。如果要在一个设有简单控件以方便审阅的窗口中查看演示文稿,而不想使用全屏的幻灯片放映视图,则可以使用阅读视图。

6) 母版视图

母版视图包括幻灯片母版视图、讲义母版视图和备注母版视图。母版是存储有关演示文稿信息的主要幻灯片,其中包括背景、颜色、字体、效果、占位符大小和位置。使用母版视图的一个主要优点是在幻灯片母版视图、备注母版视图或讲义母版视图上,可以对与演示文稿关联的每张幻灯片、备注页或讲义的样式进行全局更改。

可以根据实际需要选择合适的视图,切换视图的方法有两种。

(1) 在【视图】选项卡上的【演示文稿视图】组和【母版视图】组中选择合适的视图,如图 5-8 所示。

图 5-8　【视图】选项卡

(2) 在 PowerPoint 窗口底部有一个状态栏,如图 5-9 所示,其中提供了各个主要视图(普通视图、幻灯片浏览视图、阅读视图和幻灯片放映视图),可从中单击选择。

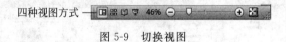

图 5-9　切换视图

2. 演示文稿的基本操作

在了解了 PowerPoint 2010 的视图方式后,下面介绍一些演示文稿的基本操作,包括创建演示文稿、保存演示文稿以及打开与关闭演示文稿等。

1) 创建演示文稿

使用 PowerPoint 2010 制作演示文稿,首先要创建演示文稿,PowerPoint 2010 提供了几种创建演示文稿的方式。

（1）快速创建空白演示文稿。启动 PowerPoint 2010，软件将自动创建一个空白演示文稿，它由带有布局格式的空白幻灯片组成，在空白幻灯片上设计出具有鲜明个性的背景颜色、配色方案、文本格式和图片等。若需要新建其他演示文稿时，可以单击【文件】选项卡的【新建】选项，然后双击【空白演示文稿】或单击【创建】按钮，如图 5-10 所示，返回 PowerPoint 2010 工作界面，此时即可看到新建了一个名为"演示文稿 2"的空白演示文稿。

图 5-10　新建演示文稿

（2）使用模板创建有内容的演示文稿。在制作演示文稿之前，若对将要制作的演示文稿结构并不是十分清楚，这时可使用 PowerPoint 2010 提供的模板创建有内容的演示文稿。其操作方法是选择【文件】/【新建】选项，在中间的列表框中选择所要的模板，然后单击【创建】按钮，如图 5-11 所示。

（3）根据自定义模板创建演示文稿。用户可以将自定义演示文稿保存为"PowerPoint 模板"类型，使其成为一个自定义模板保存在"我的模板"中，当以后需要使用该模板时，在【我的模板】列表框中调用即可。其操作方法是选择【文件】/【新建】选项，在中间的列表框中选择【我的模板】选项，弹出如图 5-12 所示的【新建演示文稿】对话框，列表框中显示了已经创建好的自定义模板，在模板中选择所要的模板，然后单击【确定】按钮。

（4）使用主题创建有样式的演示文稿。主题是指一组统一的设计元素，如字体和颜色，使用主题可以让普通人设计出专业的演示文稿效果，这种创建方法十分简单。其操作方法是选择【文件】/【新建】选项，在中间的列表框中选择【Office. com 模板】选项，在【Office. com 模板】列表框中选择所要的主题，然后单击【创建】按钮。

图 5-11　创建已安装的模板

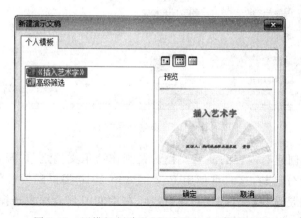

图 5-12　用模板创建的【新建演示文稿】对话框

2) 保存演示文稿

保存演示文稿是一种基本操作,保存演示文稿的方式很多,除了可保存一般演示文稿外,还可以将其保存为模板和另存为演示文稿到其他位置。

(1) 存一般演示文稿。制作完成一个演示文稿后必须使用保存功能将制作结果保存下来。其操作方法是选择【文件】/【保存】选项,弹出【另存为】对话框,在【保存位置】下拉列表中选择保存位置,在【文件名】文本框中输入文件名称,然后单击【保存】按钮。保存为PowerPoint 2010 演示文稿文件的后缀名为".pptx"。

(2) 保存为模板。系统自带了许多模板,但这些模板在演示文稿的制作过程中是不够用的,需要自己保存一些模板。保存模板和保存演示文稿的方法类似。其操作方法是选择【文件】/【保存】选项或单击快速访问工具栏中的【保存】按钮,弹出【另存为】对话框,在【保存类型】下拉列表框中选择【PowerPoint 模板(∗.potx)】选项自动将【保存位置】切换到存放模板的位置,在【文件名】文本框中输入文件名称,然后单击【保存】按钮。保存为 PowerPoint 2010 模板文件的后缀名为".potx"。

（3）另存为演示文稿。在制作演示文稿时进行编辑操作,为了不影响原演示文稿,可对当前演示文稿进行另存为操作,即将该演示文稿保存在磁盘的其他位置或以其他名称保存。其操作方法是选择【文件】/【另存为】选项,在弹出的【另存为】对话框中设置保存位置和名称。

3）打开与关闭演示文稿

（1）打开演示文稿。对于已经保存的演示文稿,可以再将其打开进行编辑、查看和放映等操作。其操作方法是选择【文件】/【打开】选项或者按 Ctrl＋O 组合键,在弹出的【打开】对话框的右侧列表框中选择需打开的演示文稿,单击【打开】按钮。

（2）关闭演示文稿。演示文稿编辑完成后,可以将其关闭,因为打开的演示文稿过多会影响计算机的运行速度。其操作方法是选择【文件】/【退出】选项或者是单击 PowerPoint 2010 工作界面右上角的【关闭】按钮,也可以关闭演示文稿。

3. 幻灯片的基本操作

1）添加新幻灯片

启动 PowerPoint 2010 后,演示文稿中将自动创建一张幻灯片,但随着制作过程的推进,一个演示文稿往往需要多张幻灯片,这时就需要添加幻灯片。其操作方法是在【开始】选项卡的【幻灯片】组中,单击【新建幻灯片】按钮右侧的下三角按钮,在弹出的列表中选择需要的幻灯片版式,如图 5-13 所示,即会在第一张幻灯片后面插入一张新的幻灯片。

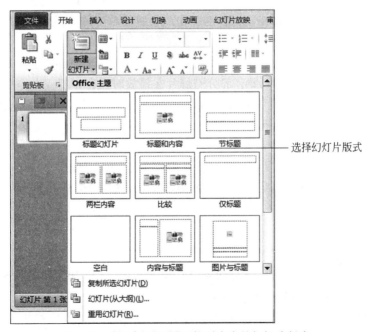

图 5-13　【新建幻灯片】下拉列表中的幻灯片版式

注：选择要插入幻灯片的位置之后，只需右击此幻灯片，从弹出的快捷菜单中选择【新建幻灯片】选项就可插入幻灯片，但该方法只能插入系统设定好的版式。

2）选择幻灯片

编辑某张幻灯片中的内容之前需要选择该幻灯片，单击幻灯片其实就是一种选择操作，它是选择单张幻灯片的常用方法。选择幻灯片的其他方法介绍如下。

- 选择多张不连续的幻灯片：在【大纲/幻灯片】窗格或幻灯片浏览视图中单击要选择的第1张幻灯片，然后按住 Ctrl 键不放，再单击需要选择的第2张幻灯片、第3张幻灯片……释放 Ctrl 键即可选择这几张幻灯片。
- 选择多张连续的幻灯片：在【大纲/幻灯片】窗格或幻灯片浏览视图中单击要连续选择的第1张幻灯片，按住 Shift 键不放，再单击需选择的最后一张幻灯片，这两张幻灯片之间的所有幻灯片均被选择。
- 选择全部幻灯片：在【大纲/幻灯片】窗格或幻灯片浏览视图中，按 Ctrl＋A 组合键可选择当前演示文稿中所有的幻灯片。

3）移动幻灯片

在制作演示文稿的过程中，难免会出现需要调整幻灯片顺序的情况，通常是通过移动幻灯片来调整顺序。移动幻灯片的方法十分简单，选择幻灯片后将其拖动到需要的位置。

4）复制幻灯片

在演示文稿的制作过程中，常会遇到制作的幻灯片和已有的一张十分相似，这时可复制该幻灯片后再对其进行编辑，复制幻灯片的操作和移动幻灯片类似。如对一个演示文稿，将第4张复制到第6张后面的操作如下。

第1步：打开要操作的演示文稿，在【大纲】窗格中选择演示文稿的第4张幻灯片。

第2步：选择这张幻灯片，右击，在弹出的快捷菜单中选择【复制】选项。

第3步：选择第6张幻灯片，右击，在弹出的快捷菜单中选择【粘贴】选项，即可将第4张幻灯片复制到第6张幻灯片后面。

5）删除幻灯片

当演示文稿制作完成时，如果有部分幻灯片在播放时没有作用或者作用不大，可将其删除。其操作方法是在普通视图方式下选择需要删除的幻灯片，然后在【开始】选项卡的【幻灯片】组中，单击【删除】按钮。

但还可以通过下述方法删除幻灯片。

- 选中要删除的幻灯片后直接按 Delete 键即可删除该幻灯片。
- 右击要删除的幻灯片，从弹出的快捷菜单中选择【删除幻灯片】选项也可以删除幻灯片。

4. 设计幻灯片

1）输入与编辑文本

（1）输入文本。文本在演示文稿中至关重要，是任何元素都无法替代的。在幻灯片中输入文本的方法很多，这里介绍以下两种。

- 在占位符中添加文本：只要将光标放置到占位符中，输入完毕后，在占位符以外的其他位置单击即可将文本保存在占位符中。

- 在文本框中输入文本：单击【插入】/【文本】组中的【文本框】按钮 ，弹出文本框的类型，有横排文本框和竖排文本框，选择所需要的文本框选项，然后移动光标到幻灯片编辑区，按住鼠标左键不放并拖动，即可添加文本框，将光标置于文本框内就可以输入文本。

（2）插入艺术字。单击【插入】/【文本】组中的【艺术字】按钮 **A**，在其下拉列表中选择所需要的艺术字效果样式，系统自动在幻灯片中产生一个占位符，并显示"请在此放置您的文字"，更改要输入的文本，如要进行字体修改，选择文本会浮动出如图 5-14 所示的浮动工具栏，可在浮动工具栏中设置艺术字的格式。

图 5-14　浮动工具栏

（3）设置文本格式。设置文本格式包括设置字体格式和段落格式两方面（PowerPoint 2010 是 Office 2010 中的一个组件，文本格式的设置跟 Word 2010 是相似的，在此不再详细讲）。

- 设置字体格式：可通过图 5-14 所示的浮动工具栏，或者通过选择【插入】/【字体】组的字体格式进入设置（如图 5-15 所示）；或者单击【字体】组右下角的【对话框启动器】按钮 ![] 进入【字体】对话框三种方式对字体进行设置。

设置文本格式　　　设置段落格式

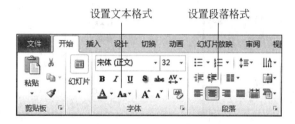

图 5-15　【开始】选项卡中的【字体】和【段落】组

- 设置段落格式：可通过选择【插入】/【段落】组的段落格式进入设置（如图 5-15 所示）；或者单击【段落】组右下角的 ![] 按钮，进入【段落】对话框，对文本进行设置。

2）插入与编辑表格

在幻灯片中添加表格有两种方法：通过单击【插入】/【表格】组中的【表格】按钮 ![]，用鼠标拖动选择或单击 ![] **插入表格(I)…** 按钮，在弹出的对话框中手动输入表格的行数和列数，还可以单击【插入】/【表格】组中的【表格】按钮 ![]，选择 ![] **绘制表格(D)** 选项，手动绘制表格。

插入表格时，默认情况下各个单元格是均匀分布的，如要进行不同的调整或修改，可选择【表格工具】/【设计】/【表格样式】选项组，如图 5-16 所示进行设置；或者单击【其他】按钮 ![] 进行表格样式等的设置。

图 5-16　【设计】选项卡中的【表格样式】选项组

3) 插入与编辑图片或图形形状

(1) 插入图片或图形形状。

- 插入图片:选择【插入】/【图像】组,单击【图片】按钮,弹出【插入图片】对话框,在【查找范围】下拉列表中选择图片所在的位置,在中间的列表框中选择所需要的图片,然后单击【插入】按钮。

- 插入剪贴画:选择【插入】/【图像】组,单击【剪贴画】按钮,在图 5-17 所示的【剪贴画】对话框中,设置搜索条件,然后单击【搜索】按钮,在搜索到的剪贴画中单击需要插入的剪贴画即可插入。如果搜索不到你所需要的剪贴画,选择【在 Office.com 中查找详细信息】选项,进入网站进行搜索所需要的素材。

- 插入图形形状:选择【插入】/【插图】组,单击【形状】按钮,弹出如图 5-18 所示的图形形状,从中选择所需要的形状,然后在幻灯片中拖动鼠标即可添加图形形状。

输入剪贴画的类型

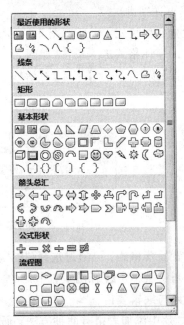

图 5-17 【剪贴画】对话框　　　　　　图 5-18 【形状】下拉列表项

(2) 编辑图片。在 PowerPoint 2010 中编辑图片,不管插入的是外部图片还是剪贴画,其编辑方法都一样。编辑图片主要是编辑图片的大小、亮度或颜色等属性。其操作方法是选择图片后,在相应的【格式】选项卡下单击相应的按钮,进行调整图片大小、旋转图片角度、裁剪图片、移动图片等操作,跟 Word 2010 相似。

4) 插入 SmartArt 图形和相册

(1) 插入 SmartArt 图形。SmartArt 智能图形可以非常直观地说明层次关系、附属关系、并列关系、循环关系等。其操作方法是单击【插入】/【插图】组中的按钮,弹出如图 5-19 所示的【选择 SmartArt 图形】对话框,左边是类型选项卡,右边是各类 SmartArt 图形,在右边选择所需要的图形,单击【确定】按钮即可在幻灯片中添加 SmartArt 图形,然后在【在此处输入文字】文本框中输入相应的文本。

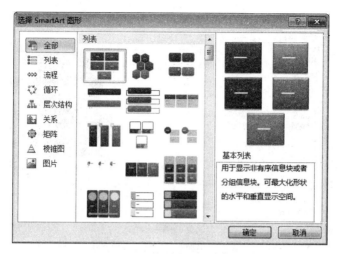

图 5-19 【选择 SmartArt 图形】对话框

如要编辑 SmartArt 图形,可在【SmartArt 工具】/【设计】选项卡(如图 5-20 所示)中进行设置。

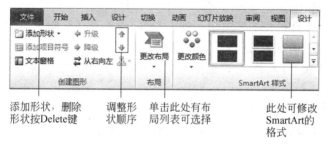

图 5-20 【SmartArt 工具】中的【设计】选项卡各项

如要更改 SmartArt 图形的形状,可在【SmartArt 工具】/【设计】选项卡中进行设置。

(2)插入相册。创建相册,可以展示个人照片或工作照片。其操作方法是单击【插入】/【插图】组中的【相册】按钮,从弹出的下拉列表中选择 新建相册(A)... 选项,弹出【相册】对话框,单击【文件/磁盘】按钮,在弹出的【插入新图片】对话框【查找范围】下拉列表中选择图片的位置,选择要插入的图片,单击【插入】按钮,返回【相册】对话框,单击【创建】按钮。

如要编辑相册则单击【插入】/【插图】组中的【相册】按钮,从弹出的下拉列表中选择【编辑相册】选项,弹出如图 5-21 所示的【编辑相册】对话框,可进行相应的设置。

注:如【标题在所有图片下面】复选框不可用,则必须先为相册中的图片选择版式。方法是在【相册版式】选项组中单击【图片版式】下拉列表右侧的下三角按钮,从弹出的下拉列表中选择图片版式。

5)插入页眉和页脚

使用页眉和页脚功能,可以将幻灯片编号,将时间和日期、演示文稿标题或文件名、演示者姓名等信息添加到幻灯片的底部。其操作方法是在【插入】/【文本】组中,单击【页眉

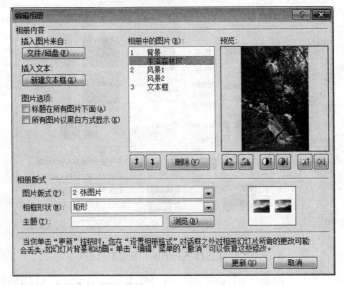

图 5-21　【编辑相册】对话框

和页脚】按钮 📋 页眉和页脚 ，在弹出的【页眉和页脚】对话框中，切换到【幻灯片】选项卡，选中【页脚】复选框，接着在文本框中输入脚本内容，如果要在页脚中显示日期和幻灯片编号，可以选中【日期和时间】和【幻灯片编号】复选框，最后单击【全部应用】按钮。

注：在默认情况下，幻灯片不包含页眉，但是用户可以将页脚占位符移动到页眉位置。

在【页眉和页脚】对话框中切换到【备注和讲义】选项卡，然后选中【页眉】和【页脚】复选框，在文本框中输入相应的内容，再单击【全部应用】按钮就可在备注和讲义中添加页眉和页脚信息。

6）插入声音和影片

（1）插入声音。其操作方法是选择要插入声音的幻灯片，单击【插入】/【媒体】组中【音频】按钮的下三角按钮，弹出如图 5-22 所示的下拉列表，从中选择【文件中的音频】选项，打开【插入音频】对话框，找到要插入的声音文件，单击【插入】按钮即会在幻灯片中添加一个小喇叭声音图标。

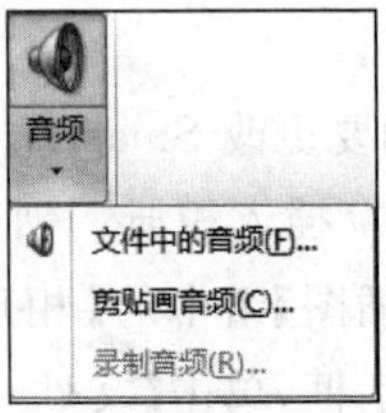

图 5-22　【音频】下拉列表项

- 文件中的音频：主要用来导入外部声音文件。
- 剪贴画音频：主要用来导入 PowerPoint 2010 软件自带声音。
- 录制音频：主要用来导入录制的旁白或其他声音文件。

如要对声音进行设置，可选中小喇叭图标，然后在【音频工具】/【播放】选项卡中，如图 5-23 所示，对插入的声音进一步设置。

如要删除声音，只要选中声音小喇叭的图标，然后按 Delete 键即可。

（2）插入影片。除了添加声音和图形图像外，还可以插入多媒体剪辑，其操作方法是选择要插入影片的幻灯片，单击【插入】/【媒体】组中的【视频】按钮🎞右侧的下三角按钮，

图 5-23　【播放】选项卡

弹出如图 5-24 所示下拉列表,从中选择适合的选项,打
开相应的对话框,单击要插入的影片文件。如要删除影
片,也是先选中影片,然后再按 Delete 键删除。

　　7)设置幻灯片背景

　　在默认情况下,幻灯片背景是白色的,根据需要给
幻灯片添加上填充颜色或是其他填充效果。

　　(1)设置幻灯片背景颜色。其操作方法是单击【设
计】/【背景】组中的 背景样式 ▾ 按钮,从弹出的下拉列
表中选择所需要的背景样式。

图 5-24　【视频】下拉列表项

　　(2)设置幻灯片的填充效果。其操作方法是单击【设计】/【背景】组中的【背景样式】
按钮,在弹出的下拉列表中选择 设置背景格式(B)... 选项,在弹出的如图 5-25 所示的【设置
背景格式】对话框中,可在左侧导航窗格中选择【填充】选项,在右侧导航窗格中可选中【图
片或纹理填充】单选按钮,接着可单击【纹理】按钮,从弹出的下拉列表中选择所需要的纹
理选项,设置完单击【全部应用】按钮,即可将刚才所设置的纹理填充应用到全部幻灯
片中。

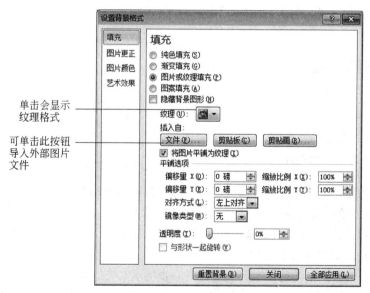

图 5-25　【设置背景格式】对话框

（3）自动套用主题。主题是指一组统一的设计元素，使用颜色、字体和图形设置文档的外观。文档主题是一组格式选项，包括一组主题颜色、一组主题字体和一组主题效果。可以用文档主题快速地设置整个文档的格式。其操作方法是在【设计】选项卡的【主题】组中选择所需要的主题，如图 5-26 所示，还可以单击【其他】按钮 ，从弹出的下拉列表中进行选择。

图 5-26 【设计】中的【主题】组

5. 母版的创建与设置

在制作幻灯片演示文稿时，常常会需要将制作的幻灯片统一风格，此时，可以使用母版来实现该功能。

1）母版的类型

母版是一种特殊的幻灯片，它用于设置演示文稿中每张幻灯片的预设格式，如幻灯片中显示的对象及其格式、幻灯片背景和版式等。母版包括了幻灯片母版、讲义母版和备注母版三种类型。

（1）幻灯片母版。幻灯片母版是母版中最常用的母版，幻灯片中的格式及其他内容都可以在母版中进行设置。其操作方法是单击【视图】选项卡，单击【母版视图】组中的【幻灯片母版】按钮即可打开幻灯片母版，如图 5-27 所示。如要关闭【幻灯片母版】选项卡，即要单击图 5-28 所示的【关闭母版视图】按钮。

图 5-27 选择【幻灯片母版】选项卡

图 5-28 【关闭母版视图】按钮

（2）讲义母版。讲义母版可以将幻灯片的内容以多张幻灯片为一页的形式打印成听众文件，直接发给听众使用，而不需要自行将幻灯片缩小再合起来打印。讲义母版用于控制讲义的打印格式，还可以在讲义母版的空白处加入图片、文字说明等内容。进入讲义母版的操作跟进入幻灯片母版相似。

（3）备注母版。备注的最主要功能是进一步提示某张幻灯片的内容。通常情况下，演示文稿中每张幻灯片的文本内容都比较简练，演讲者可以事先将补充的内容放在备注中，备注可以单独打印出来。备注母版就是设置备注的预设格式，使多数备注有统一的外观。

2）设置母版

要使用统一风格的幻灯片,需要先设置幻灯片母版,然后将其保存为演示文稿模板。下面介绍设置幻灯片母版的操作步骤。

第 1 步:打开需要编辑幻灯片母版的演示文稿,然后在【视图】选项卡的【母版视图】组中,单击【幻灯片母版】按钮。

第 2 步:此时进入幻灯片母版编辑状态,并在功能区中出现【幻灯片母版】选项卡,如图 5-29 所示。

图 5-29　【幻灯片母版】选项卡

第 3 步:在【幻灯片母版】选项卡的【背景】组中,单击【背景格式】按钮下的【设置背景格式】按钮。

第 4 步:弹出如图 5-25 所示的【设置背景格式】对话框,在左侧导航窗格中选择【填充】选项,然后在右侧导航窗格中选中【渐变填充】单选按钮,接着单击【预设颜色】按钮,从弹出的下拉列表中选择所需要的背景样式。

第 5 步:单击【全部应用】按钮,再单击【关闭】按钮,此时所有幻灯片都应用了渐变填充效果。

第 6 步:在【插入】选项卡的【文本框】组中,单击【页眉和页脚】按钮。

第 7 步:弹出【页眉和页脚】对话框,在【幻灯片】选项卡中选中【日期和时间】复选框,然后选中【自动更新】单选按钮,再选中【幻灯片编号】和【页脚】复选框,并在下面的文本框中输入页脚信息。最后单击【全部应用】按钮,将设置的页眉应用到所有幻灯片。

第 8 步:在幻灯片 1 中右击标题的占位符,出现【字体】设置的浮动工具栏,在【中文字体】下拉列表中设置字体,在【字体颜色】下拉列表中设置文字颜色,在【字体样式】下拉列表中设置字体的样式和大小。

第 9 步:同理,设置幻灯片中的其他占位符中的字体样式。

第 10 步:设置完母版后,选择【文件】/【另存为】选项,在弹出的【另存为】对话框中,选择文件的保存位置,然后设置【保存类型】为【PowerPoint 演示文稿】,接着在【文件名】文本框中输入文件名称,再单击【保存】按钮。

6. 幻灯片的动画设置

1）设置幻灯片的动画效果

（1）添加动画效果。通过自定义动画,可以对幻灯片的文本、图片和表格等对象添加动画效果。其操作方法是先选择需要添加动画效果的对象,再选择【动画】选项卡(如图 5-30 所示),在【动画】组可以选择所需的动画效果,或在【高级动画】组中单击【添加动画】按钮,从弹出各类别的动画效果(如图 5-31 所示)中选择对应的动画效果。各类动画的作用如下。

图 5-30 【动画】选项卡

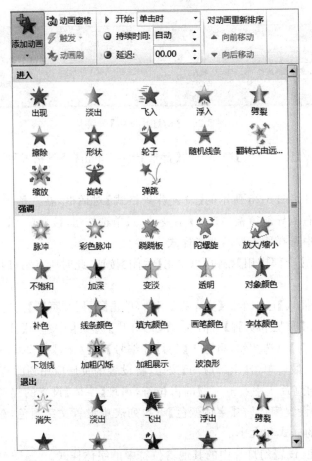

图 5-31 各类别的动画效果

- 【进入】动画:指为对象设置动画后,放映动画时对象最初并不在幻灯片中,而是从其他位置、其他方式进入幻灯片,并最终显示在相应位置。
- 【强调】动画:指为对象设置动画后,放映动画时对象已在幻灯片中,然后以指定方式强调该对象,以引起观众的注意,主要用于对重点内容进行设置。
- 【退出】动画:指为对象设置动画后,放映动画时对象已在幻灯片中,然后以指定方式从幻灯片中消失。
- 【动作路径】动画:指为对象设置动画后,放映动画时对象将沿指定的路径进入幻灯片的相应位置,选择【自定义路径】选项,还可以自行定制路径。

（2）更改动画效果。在对幻灯片对象设置了动画效果后，若对设置的动画效果不满意，可以根据自己的需要更改为其他动画效果。其操作方法为选择【动画】/【动画】组，在【动画】组中选择自己所需要的动画效果即可。

（3）更改动画播放顺序。单击【动画】/【高级动画】组中的 📽️动画窗格 按钮，弹出【动画窗格】下拉列表中的动画效果选项是按照设置的先后顺序从上到下排列的，放映也是按照此顺序进行的，若不满意动画播放顺序，可通过调整动画效果列表中各选项的位置来更改动画播放顺序，方法有以下两种。

通过拖动鼠标调整：先选择要调整的动画选项，按住鼠标左键不放进行拖动，会有一条黑色的横线随之移动，当横线移动到需要的目标位置时释放鼠标。

通过单击方向按钮调整：先选择要调整的动画选项，单击【动画窗格】下方的 ⬆️ 按钮，该动画效果选项会向上移动一个位置，单击 ⬇️ 按钮该动画效果选项会向下移动一个位置。

2）设置幻灯片的切换效果

切换动画是指在放映幻灯片过程中从一张幻灯片到下一张幻灯片时的变化动作，最基本的幻灯片放映方法是一张接一张地放映，如设置了切换效果，可吸引观众的视线、突出主题，使幻灯片更具有观赏性。

（1）添加幻灯片的切换效果。其操作方法是在演示文稿中单击要设置切换效果的幻灯片，然后在【切换】/【切换到此幻灯片】组中，在图 5-32 所示中选择切换效果，同时在【声音】下拉列表框中可选择切换时的声音，在【持续时间】列表框中可设置切换的长度。

切换声音　切换速度

图 5-32　【切换】选项卡

（2）使用超链接切换。超链接是一种不错的切换方式，它可以实现在不连续幻灯片之间的切换。其操作方法是在演示文稿中单击要使用超链接的幻灯片，选择占位符，单击【插入】/【链接】组中的【超链接】按钮，弹出如图 5-33 所示的【插入超链接】对话框，如要链接到其他演示文稿，可在【查找范围】下拉列表中找到要链接的文件，如只是本演示文稿内的幻灯片链接，则要单击【书签】按钮，弹出【在文档中选择位置】对话框，如图 5-34 所示，选择要链接的幻灯片，再单击【确定】按钮。

（3）插入动作按钮切换幻灯片。除了上面介绍的方法之外，还可以通过插入动作实现幻灯片之间的切换。其操作方法是在演示文稿中单击要添加动作按钮的幻灯片，单击【插入】/【插图】组中的【形状】按钮，从弹出的下拉列表中单击【动作按钮】选项中的某动作按钮，然后在幻灯片中拖动鼠标指针，就添加了动作按钮。选中刚插入的形状，单击【插入】/【链接】组中的【动作】按钮，弹出如图 5-35 所示的【动作设置】对话框，选中【超链接到】单选按钮，然后单击下拉列表右侧的下三角按钮，选择需要链接到的【幻灯片】选项。

图 5-33 【插入超链接】对话框

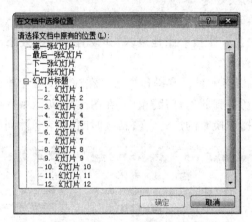

图 5-34 【在文档中选择位置】对话框

图 5-35 【动作设置】对话框

7. 演示文稿的放映设置与打包

1）设置放映方式

幻灯片放映类型包括演讲者放映（全屏幕）、观众自行浏览（窗口）、在展台浏览（全屏幕）三种方式，分别适用于不同场合。

- 演讲者放映（全屏幕）：默认的放映方式。放映时，可以看到幻灯片设置的所有效果。选择此方式放映时，演讲者具有完全的控制权，可采用人工或自动方式放映，也可以将演示文稿暂停，添加会议细节等，甚至在放映过程中可以录下旁白。
- 观众自行浏览（窗口）：这种方式是在标准窗口中放映幻灯片。其中显示了演示文稿的名称，还可以使用滚动条、Page Down 键、Page Up 键来切换放映幻灯片，但不能通过单击放映。
- 在展台浏览（全屏幕）：该方式将自动运行全屏幻灯片放映，并且循环放映演示文稿。在这种方式下，不能通过单击手动放映幻灯片，但可以通过单击超链接和动作按钮切换。在展览会场或会议中放映无人管理幻灯片时可以使用这种方式。在放映过程中，除了保留光标用于选择屏幕对象进行放映外，其他的功能全部失效，终止放映只能按 Esc 键。

具体操作步骤如下。

第 1 步：打开要放映的演示文稿，选择【幻灯片放映】/【设置】组，单击【设置幻灯片放映】按钮 。

第 2 步：弹出【设置放映方式】对话框，在【放映类型】栏中选中需要的放映类型，在【放映选项】栏中选中需要设置的复选框，单击【确定】按钮，如图 5-36 所示。

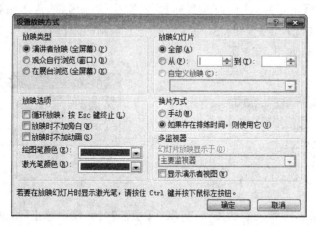

图 5-36　【设置放映方式】对话框

在【设置放映方式】对话框中，【放映选项】选项组中各选项的含义如下。

- 【循环放映，按 Esc 键终止】：当幻灯片放映到最后一张时，自动返回到第 1 张幻灯片并继续进行放映，直到用户按 Esc 键时终止。
- 【放映时不加旁白】：在幻灯片放映时不播放录制的旁白。
- 【放映时不加动画】：在幻灯片放映时不显示动画效果。

在【设置放映方式】对话框中,【放映幻灯片】选项组中各选项的含义如下。

· 【全部】:放映全部幻灯片。

· 【从……到】:从某张幻灯片开始放映到某张幻灯片时终止。

2)幻灯片旁白的应用

(1)录制旁白。在制作演示文稿时,可以将要演讲的内容录制在演示文稿中,为幻灯片录音的过程叫作录制旁白。具体操作步骤如下。

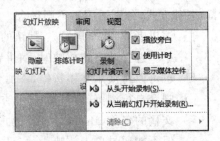

第1步:单击【幻灯片放映】/【设置】组中的【录制幻灯片演示】按钮,从弹出的下拉选项选择【从头开始录制】或【从当前幻灯片开始录制】选项,如图5-37所示。

图5-37 选择【录制旁白】

第2步:在弹出的【录制幻灯片演示】对话框中,选中【旁白和激光笔】复选框,如图5-38所示,单击【开始录制】按钮,就可以对着麦克风进行录制。录制成功后会自动转换为浏览模式,若看到每页下方有录制的时间和喇叭后证明录制成功。

注:在录制旁白时,前提是你要插入话筒,如果没有话筒可以用耳机替代。在录制时会自动放映,左上角会有一个录制时间。

(2)通过【录音】对话框录制旁白。具体操作步骤如下。

第1步:选择要录制旁白的幻灯片,然后在【插入】/【媒体】组中,单击【音频】按钮的下三角按钮,从弹出的下拉列表中选择【录制音频】选项。

第2步:弹出【录音】对话框,在【名称】文本框中输入名称,再单击【录音】按钮录制。当录制完毕时,单击【停止】按钮。如果要试听一下录制的旁白效果,可以单击【播放】按钮来播放录制的旁白,如图5-39所示。

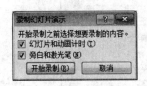

图5-38 【录制幻灯片演示】对话框

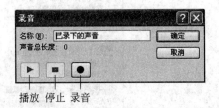

图5-39 【录音】对话框

第3步:如果不满意录制的声音,可以在【录音】对话框中单击【取消】按钮,然后重新录制旁白直到满意为止,最后单击【确定】按钮保存设置。

(3)隐藏旁白。当不需要使用旁白时,可以将其隐藏或删除。其操作方法是在【幻灯片放映】选项卡的【设置】组中,取消选中【播放旁白】复选框即可隐藏旁白。如果要删除旁白,则在普通视图方式中,单击声音图标,然后按 Delete 键。

3)设置排练时间

通过排练计时操作,可以设置放映整个演示文稿和每张幻灯片放映需要的时间,还可以自动控制幻灯片的放映,不需要人为的干预。如果没有预设的排练时间,则必须手动切换幻灯片。具体操作步骤如下。

第 1 步：打开要放映的演示文稿，然后在【幻灯片放映】选项卡的【设置】组中，单击【排练计时】按钮，效果如图 5-40 所示。

第 2 步：此时就会启动幻灯片的放映程序，与普通放映不同的是，在幻灯片的左上角会出现如图 5-41 所示的【录制】对话框。

图 5-40　单击【排练计时】按钮

图 5-41　【录制】对话框

第 3 步：不断单击进行幻灯片的放映时，如图 5-41 所示的数据会不断更新，当在最后一张幻灯片上单击后，将出现图 5-42 所示的提示对话框。

图 5-42　提示对话框

第 4 步：单击【是】按钮后，幻灯片自动切换到【幻灯片浏览视图】选项卡，并且在每张幻灯片的左下角出现每张幻灯片的放映时间。

4）打包

（1）打包演示文稿。为了避免因为其他计算机上没有安装 PowerPoint 软件而不能播放演示文稿的情况，可以将制作的演示文稿打包。这里介绍将演示文稿压缩到 CD 的具体操作步骤如下。

第 1 步：执行【文件】/【保存并发送】/【将演示文稿打包成 CD】命令，再单击【打包成 CD】按钮，如图 5-43 所示。

第 2 步：在弹出的【打包成 CD】对话框中，可以选择添加更多的 PPT 文档一起打包，也可以删除不要打包的 PPT 文档，如图 5-44 所示。

注：如用户的计算机上存在刻录机，也可以单击【复制到 CD】按钮，其他步骤参照下面的内容，最后刻录成光盘即可。

第 3 步：单击【复制到文件夹】按钮，弹出【复制到文件夹】对话框，在【文件夹名称】文本框中输入文件名，在【位置】文本框中输入存放的位置路径。系统默认有【完成后打开文件夹】的功能，不需要可以取消选中，如图 5-45 所示。

第 4 步：单击【确定】按钮后，系统会自动运行打包复制到文件夹程序，在完成之后自动弹出打包好的 PPT 文件夹，其中看到一个 AUTORUN.INF 自动运行文件，如图 5-46 所示。

（2）运行打包文稿。要将打包的演示文稿在其他计算机上播放，只要将刚打包的文件

图 5-43　选择【打包成 CD】选项

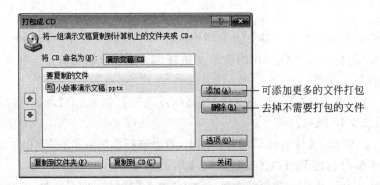

图 5-44　【打包成 CD】对话框

图 5-45　【复制到文件夹】对话框

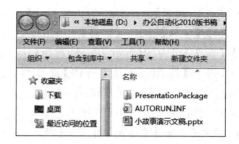

图 5-46 生成一个 AUTORUN.INF 自动运行文件

夹复制到目标计算机上即可。运行操作方法是打开打包后的文件夹，双击图 5-46 所示的"小故事演示文稿.pptx"文件，就可以放映幻灯片。如果打包到 CD 光盘上则具备自动播放功能。

任务实施步骤

任务 1 实施制作"小故事演示文稿"

设计目标

通过制作"小故事演示文稿"，掌握如何设计制作演示文稿的一般操作，其中包括使用幻灯片的版式、设计主题、插入剪贴画设置文本格式和设置动画效果。

设计思路

- 制作幻灯片的整体版式布局。
- 输入和设置幻灯片的内容。
- 设置幻灯片中元素的动画效果和切换效果。

设计效果

"小故事演示文稿"设计效果如图 5-1 所示。

操作步骤

第 1 步：单击【开始】按钮，选择【所有程序】中的 Microsoft Office/Microsoft PowerPoint 2010 选项，或者双击桌面上的 快捷图标，启动 PowerPoint 2010 应用程序。

第 2 步：单击【开始】/【幻灯片】组中的【版式】按钮，在下拉列表中选择【空白】版式；单击【设计】/【主题】组中的【夏至】主题。

第 3 步：单击【插入】/【图像】组中的【剪贴画】按钮，在弹出的【剪贴画】对话框的【搜索文字】文本框中输入"学习用品"，选择【在 Office.com 中查找详细信息】选项，进入网站，搜索"学习用品"，在素材库中选择一本书和一支笔，采用复制和粘贴的方法将它们放入幻灯片中。

第 4 步：选择"书"的素材，单击【图片工具】/【格式】/【调整】组中的【颜色】按钮，在下拉菜单中选择 设置透明色(S) 选项，单击"书"素材的白色背景位置，将素材的白色背景去掉，并调整大小。

第 5 步：单击【插入】/【文本】组中的【艺术字】按钮，在下拉列表项中选择右下角的样式,幻灯片中会显示一个"请在此放置您的文字"的占位符,将其改为"使你自己成为珍珠"的文字;选中文字,单击【开始】/【字体】组中的【字号】下三角按钮,设置【文字大小】为"72"。

第6步:单击【插入】/【插图】组中的【形状】按钮,选择曲线,在幻灯片中画一条曲线,如图5-47所示;双击曲线,进入【绘图工具】/【格式】选项卡,单击【形状样式】组中的 形状轮廓 ▼按钮,在下拉列表中选择"红色"选项,再单击一次 形状轮廓 ▼按钮,在 粗细(W) ▶ 下拉列表中选择"1.5磅"选项。

第7步:选中艺术字,选择【动画】/【动画】组中的【翻转式由远及近】动画效果选项,为艺术字添加由远及近翻转出现的效果。

第8步:单击【开始】/【幻灯片】组中的【新建幻灯片】按钮,在下拉列表项中选择【标题和内容】选项,添加第2张幻灯片。

第9步:单击标题的占位符,输入"小故事"并选中,按Ctrl+E组合键进行居中排列;单击内容的占位符,输入如图5-48所示的内容。

图5-47　第1张幻灯片　　　　　　　图5-48　第2张幻灯片的内容

第10步:选中文本内容,单击【动画】/【动画】组中的【其他】按钮▼,在弹出的下拉列表中单击 ★ 更多进入效果(E)… 按钮,在【更多进入效果】对话框中选择【基本型】/【百叶窗】效果,单击【确定】按钮。

第11步:重复第8步、9步的操作,添加第3张幻灯片,第3张幻灯片的内容如图5-49所示。

第12步:选中文本内容,单击【动画】/【动画】组中的【其他】按钮▼,在弹出的下拉列表中单击 ★ 更多进入效果(E)… 按钮,在【更多进入效果】对话框中选择【基本型】/【盒状】效果,单击【确定】按钮。

第13步:重复第8步、9步的操作,添加第4~6张幻灯片,第4~6张幻灯片的内容如图5-50~图5-52所示。

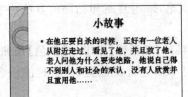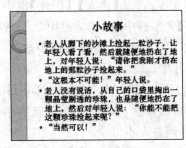

图5-49　第3张幻灯片的内容　　　　　图5-50　第4张幻灯片的内容

小故事

- "那你就应该明白是为什么了吧？你应该知道，现在你自己还不是一颗珍珠，所以你不能苛求别人立即承认你。如果要别人承认，那你就要想办法使自己成为一颗珍珠才行。"年轻人蹙眉低首，一时无语。

图 5-51　第 5 张幻灯片的内容

小故事

- 有的时候，你必须知道自己是普通的沙粒，而不是价值连城的珍珠。你要卓尔不群，那要有鹤立鸡群的资本才行。所以忍受不了打击和挫折，承受不住忽视和平淡，就很难达到辉煌。
- 若要自己卓然出众，那就要努力使自己成为一颗珍珠。

图 5-52　第 6 张幻灯片的内容

第 14 步：仿照第 7 步和第 10 步的操作，分别选中第 4～6 张幻灯片的文本内容，选择【动画】/【动画】组中的动画效果，如没有所需的动画效果单击【其他】按钮，动画效果分别设置为【飞入】【菱形】和【棋盘】效果。

第 15 步：在左侧的幻灯片窗格，单击第 1 张幻灯片，按下 Ctrl 键的同时选中书、曲线和画笔，按 Ctrl＋C 组合键复制，单击第 2 张幻灯片，按 Ctrl＋V 组合键粘贴；重复上述操作，将书、曲线和画笔复制到剩余的幻灯片中。

第 16 步：在左侧的幻灯片窗格，单击第 1 张幻灯片，选择【切换】/【切换到此幻灯片】组中的【淡出】切换效果；重复上述操作，分别将第 2～6 张幻灯片设置为【擦除】【形状】【溶解】【棋盘】和【百叶窗】切换效果。

第 17 步：单击【状态栏】中的【幻灯片放映】按钮 进入测试演示文稿，然后按 Ctrl＋S 组合键保存为"小故事演示文稿"的文件。

任务 2　实施制作"相册"

设计目标

通过 PowerPoint 2010 已安装的模板快速制作相册的演示文稿，掌握如何套用模板，在模板的基础上进行更改的操作，继续掌握演示文稿的制作过程和幻灯片的相关操作。

设计思路

- 套用现代型相册模板。
- 更改相册幻灯片中的内容。
- 设置幻灯片中元素的动画效果。

设计效果

"相册"设计效果如图 5-2 所示。

操作步骤

第 1 步：启动 PowerPoint 2010 软件，选择【文件】/【新建】选项，在打开的【可用的模板和主题】列表项中选择【样本模板】/【现代型相册】选项，然后单击【创建】按钮。

第 2 步：在演示文稿左侧的幻灯片窗格中，选择第 1 张幻灯片，选中现有图片，然后在【图片工具】/【格式】选项卡中，单击【调整】组中的 更改图片 按钮，会弹出【插入图片】对话框，在【查找范围】下拉列表中找到"梅州.jpg"的图片，然后单击【插入】按钮，再适当调整图片的大小。

第 3 步：选中右侧的文本占位符，单击【开始】/【段落】组中的【文字方向】按钮，在下拉列表中选择【竖排】选项，然后输入"美丽梅州"文字；选中文字，在【开始】/【字体】组中，将【字号】设为"80""加粗"，【颜色】设为"紫红色"，效果如图 5-53 所示。

第 4 步：选择第 2 张幻灯片，仿照第 2 步的操作，将原图片用"千佛塔.jpg"图片替换掉；单击右侧的文本框文字，将原有内容删除，然后输入如图 5-54 所示的文字，选中文本框，单击【开始】/【字体】按钮，将【字号】设为"32"。

图 5-53　第 1 张幻灯片的效果　　　　　　　图 5-54　第 2 张幻灯片的效果

第 5 步：右击第 3 张幻灯片，在弹出的快捷菜单中选择【版式】选项，在展开的列表中选择【3 混向栏】选项，将最下方的文本占位符按 Delete 键删除，然后仿照第 2 步操作，将左侧的原图片用"五指石.jpg"替换，右侧的两张原图用"五指石 1.jpg"和"五指石 2.jpg"图片替换；单击【选择版式】占位符，将内容改为"平远五指石"，选中文本框文字，单击【开始】/【字体】按钮，将【字号】设为"32"，效果如图 5-55 所示。

第 6 步：选择第 4 张幻灯片，仿照第 2 步的操作，将原图片用"丰溪森林区.jpg"图片替换；单击右侧的文本框，将原有内容删除，然后输入如图 5-56 所示的文字，选中文本框文字，单击【开始】/【字体】按钮，将【字号】设为"32"。

图 5-55　第 3 张幻灯片的效果　　　　　　　图 5-56　第 4 张幻灯片的效果

第 7 步：选择第 5 张幻灯片，仿照第 2 步的操作，从左到右将原图片用"雁南飞.jpg""雁南飞 1.jpg"和"雁南飞 2.bmp"图片替换；单击左侧的文本框，将原有内容删除，然后输入"雁南飞"，并单击【开始】/【字体】按钮，将【字号】设为"48"，最后移动图片，使其摆放效果如图 5-57 所示。

第 8 步：选择第 6 张幻灯片，仿照第 2 步的操作，将所有原图片用"风景 1.jpg"～"风景 5.jpg"图片替换，效果如图 5-58 所示。

图 5-57　第 5 张幻灯片的效果

图 5-58　第 6 张幻灯片的效果

第 9 步：选中第 1 张幻灯片，选中图片，选择【动画】/【动画】组中的【飞入】动画效果选项，单击【效果选项】按钮，在下拉列表中选择【自顶部】选项；选择"美丽梅州"文字，重复上述操作将其设为"自右侧飞入"效果。

第 10 步：单击第 2 张幻灯片，选中左边图片，选择【动画】/【动画】组中的【飞入】动画效果选项，设置"自左侧飞入"的效果；将右侧的文字设为"自右侧飞入"的效果。

第 11 步：单击第 3 张幻灯片，选中左边图片，单击【动画】/【动画】组中的【其他】按钮，在弹出的下拉列表中单击 ★ 更多进入效果(E)… 按钮，在【更多进入效果】对话框中选择【基本型】/【盒状】效果，单击【确定】按钮；按 Ctrl 键选中右侧两张图片，参照上述操作将它们设为"向内溶解"效果。

第 12 步：单击第 4 张幻灯片，仿照上述设置动画效果的操作，将左边的图片设为"垂直百叶窗"效果，右边文字设为"出现"效果。

第 13 步：单击第 5 张幻灯片，仿照上述设置动画效果的操作，将上面的两张图片同时设为"自顶部飞入"效果，下面的图片设为"回旋"效果。

第 14 步：单击第 6 张幻灯片，仿照上述设置动画效果的操作，将左边两张图片同时设为"自顶部飞入"效果，下面两张图片同时设为"自底部飞入"，右上角的图片设为"自右上部飞入"效果。

第 15 步：单击【状态栏】中的【幻灯片放映】按钮 进入测试演示文稿，然后按 Ctrl＋S 组合键保存为"相册"的文件。

任务 3　实施制作"旅游宣传文稿"

设计目标

通过制作"旅游宣传文稿"，继续掌握演示文稿的制作过程，其中也介绍使用按钮超链接，达到幻灯片之间切换的操作技巧。

设计思路

- 制作幻灯片的整体版式布局。
- 输入和设置幻灯片的内容。
- 设置幻灯片的动画效果和切换效果。

设计效果

"旅游宣传文稿"设计效果如图 5-3 所示。

操作步骤

第 1 步：启动 PowerPoint 2010 软件，单击【开始】/【幻灯片】组中的【版式】按钮，选择【空白】选项。

第 2 步：单击【设计】/【背景】/【背景样式】/【设置背景格式】按钮，弹出【设置背景格式】对话框，单击左侧的【填充】标签，选中【渐变填充】单选按钮，将【预设颜色】设为"雨后初晴"，【类型】设为"射线"，【方向】设为"从左下角"，然后单击【全部应用】按钮，再单击【关闭】按钮。

第 3 步：单击【插入】/【插图】组中的【形状】按钮，选择【直角三角形】选项，用鼠标在幻灯片中画一个直角三角形；然后重复选择【五边形】选项，在幻灯片中添加五个五边形；再选择【爆炸形 1】选项，给幻灯片添加一个爆炸图形，将它们摆放成如图 5-59 所示的效果。

图 5-59　形状图形的摆放

第 4 步：双击三角形进入【绘图工具】/【格式】功能区，单击【形式样式】选项组中的
![形状填充]按钮，选择【图片】下拉项，弹出【插入图片】对话框，在【查找范围】中打开要插入图片的位置，然后找到"梅州.jpg"图片，单击【插入】按钮。

第 5 步：按 Ctrl 键，依次单击五边形，然后单击【形式样式】组中的![ABC]按钮，使五边形有白色的边线；选择第 1 个五边形，单击【形式样式】选项组中的![形状填充]按钮，选择【图片】选项，弹出【插入图片】对话框，在【查找范围】中打开要插入图片的位置，然后找到"风景 5.jpg"图片，单击【插入】按钮；仿照上述操作，依次将第 2～5 个星形用"特产.bmp""美食.jpg""酒店.jpg"和"公交车.jpg"图片填充。

第 6 步：双击爆炸图形，单击【形式样式】选项组中的![形状填充]按钮，选择"紫红色"，再单击【形状填充】按钮，选择【渐变】选项，在弹出的下拉列表中，选择【浅色变体】中的【中心辐射】选项；右击图形，在弹出的快捷菜单中选择【编辑文字】选项，输入"宣传手册"，选中文字，在浮动工具栏中，设【字号】为"24"，【字体】为"楷体"，【颜色】为"黄色"，加粗。

第 7 步：单击【插入】/【插图】/【形状】按钮，选择【圆角矩形】选项，在第 1 个五边形旁边画一个圆角矩形；双击圆角矩形，单击【形式样式】中的【形式填充】按钮，将其颜色改成"浅绿色"；右击圆角矩形，选择【编辑文字】选项，输入"景点"；然后选中"景点"，在浮动工具栏将其【字号】设为"28"，"加粗"。

第 8 步：选中圆角矩形，按住 Ctrl 键，并用鼠标拖动圆角矩形并复制 4 个，将其中的文字依次更改为"特产""美食""酒店"和"线路"，然后将它们摆放成如图 5-60 所示的效果。

第 9 步：单击【插入】/【文本】/【艺术字】按钮，在弹出的下拉列表中，选择第五行第五列的艺术字样式，幻灯片中会显示一个"请在此放置您的文字"的占位符，将其改为"梅州旅游"的文字；选中文字，单击【开始】/【字体】中的【字号】按钮，设【文字大小】为"72"。

第 10 步：单击【开始】/【幻灯片】组中的【新建幻灯片】按钮，选择【空白】选项，增加第 2 张幻灯片；单击【插入】/【图像】组中的【图片】按钮，在【插入图片】对话框中搜索找到"阴那山.jpg"的图片，单击【插入】按钮；重复上述操作，再插入"雁南飞.jpg"和"五指石.jpg"图片，将它们摆放成如图 5-61 所示的效果。

图 5-60　第 1 张幻灯片的效果

图 5-61　第 2 张幻灯片的效果

第 11 步：单击【插入】/【插图】组中的【形状】按钮，按图 5-61 所示，给幻灯片添加 4 个形状图形，双击图形，单击【形状样式】组中的【形状填充】按钮，依次把图形的填充颜色设为"橄榄色""淡紫色""紫红色"和"浅绿色"；右击图形，在弹出的快捷菜单中选择【编辑文字】选项，各自输入如图 5-61 所示的文字，并自设适合的文字颜色。

第 12 步：右击【返回】按钮，在弹出的快捷菜单中选择 　超链接 选项，弹出【插入超链接】对话框，单击【书签】按钮，弹出【在文档中选择位置】对话框，选择【第一张幻灯片】选项，单击【确定】按钮，返回到【插入超链接】对话框，再单击【确定】按钮。

第 13 步：仿照第 10 步操作，新增加第 3 张幻灯片，然后将"特产.jpg"～"特产 4.jpg"的图片插入幻灯片中，再按图 5-62 所示排列；然后单击【插入】/【文本】组中的【文本框】按钮，参照图 5-62 所示依次给图片加上文字，并适当调整文字大小。

第 14 步：单击第 2 张幻灯片，单击【返回】按钮，按 Ctrl＋C 组合键复制，单击第 3 张幻灯片，按 Ctrl＋V 组合键粘贴。

第 15 步：新增第 4 张幻灯片，然后将"美食.jpg"～"美食 4.jpg"的图片插入幻灯片中，再按图 5-63 所示排列；然后仿照第 13 步，将【返回】按钮复制到此幻灯片。

第 16 步：新增第 5 张幻灯片，然后将"酒店.jpg"～"酒店 2.jpg"的图片插入幻灯片中，然后单击【插入】/【文本】组中的【文本框】按钮，参照图 5-64 所示依次给图片加上文字，并适当调整文字大小，然后复制第 2 张幻灯片中的【返回】按钮。

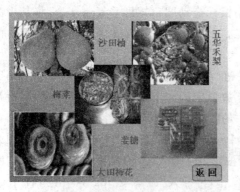

图 5-62　第 3 张幻灯片的效果

图 5-63　第 4 张幻灯片的效果

第 17 步：新增第 6 张幻灯片，单击【插入】/【表格】组中的【表格】按钮，用鼠标拖拉的方法，在幻灯片中添加"4×2"的表格，选中表格，打开【表格工具】/【设计】选项卡，在【表格样式】中选择【主题样式-强调 3】选项，调整表格大小，然后输入如图 5-65 所示的文字，再设置文字的颜色和大小，第 1 行的表格文字居中排列，然后复制第 2 张幻灯片中的【返回】按钮。

图 5-64　第 5 张幻灯片的效果

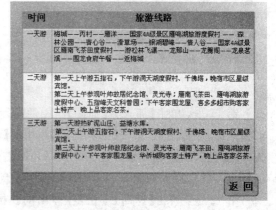

图 5-65　第 6 张幻灯片的效果

第 18 步：选择第 1 张幻灯片，右击【景点】按钮，选择【超链接】选项，弹出【插入超链接】对话框，单击【书签】按钮，在弹出的【在文档中选择位置】对话框中选择【幻灯片 2】选项，单击【确定】按钮，返回到【插入超链接】对话框，再单击【确定】按钮。重复此操作，使【特产】与【幻灯片 3】链接，【美食】与【幻灯片 4】链接，【酒店】与【幻灯片 5】链接，【线路】与【幻灯片 6】链接。

第 19 步：单击左侧幻灯片窗格中的幻灯片，对幻灯片里的元素对象设置合适的动画效果，操作方法是选择【动画】选项卡，在【动画】组中选择所需的动画效果（设置动画效果操作前面有介绍，此处不详细讲各个对象的设置）。

第 20 步：单击第 1 张幻灯片，选择【切换】选项卡，在【切换到此幻灯片】组中，选择【擦除】选项，单击【效果选项】按钮，在下拉列表中选择【自左侧】选项；参照此操作，依次给其他幻灯片设置合适的切换方案。

第 21 步：单击【状态栏】中的【幻灯片放映】按钮 进入测试演示文稿，然后按 Ctrl＋S 组合键保存为"旅游宣传文稿"的文件。

上机实训

实训 1　制作"产品介绍文稿"

实训目的
掌握制作母版、套用母版制作演示文稿、设置动画效果和幻灯片切换效果的操作。

实训内容
制作"产品介绍文稿"，可参照图 5-66 所示进行制作或者自行设计。

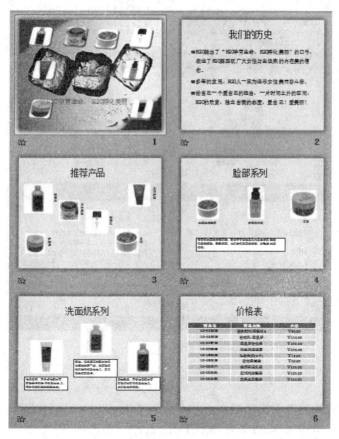

图 5-66　"产品介绍文稿"参照图

实训步骤
- 自己设计幻灯片作为母版，然后使各张幻灯片套用母版。
- 先整体设计幻灯片的布局，然后输入幻灯片的内容。
- 设置幻灯片中对象的动画效果和幻灯片的切换效果。
- 以"产品介绍文稿"为名保存演示文稿。

实训 2　制作"公司宣传文稿"

实训目的

掌握套用幻灯片的模板制作演示文稿。

实训内容

制作"公司宣传文稿",可参照图 5-67 所示进行制作或者自行设计。

图 5-67　"公司宣传文稿"参照图

实训步骤

- 套用幻灯片的模板快速制作。
- 公司组织结构用 SmartArt 图形生成。
- 设置幻灯片中对象的动画效果和幻灯片的切换效果。
- 以"公司宣传文稿"为名保存演示文稿。

实训 3　制作"我的学校"宣传演示文稿

实训目的

掌握制作演示文稿的基本操作。

实训内容

自己设计制作"我的学校"宣传演示文稿。

实训步骤

- 可套用模板，也可自己设计演示文稿的版式。
- 输入演示文稿的内容。
- 设置动画效果和幻灯片切换效果。
- 以"我的学校"为名保存演示文稿。

Internet 应用

Internet 是世界上最大的互联网络，它包含了丰富多彩的信息并提供方便快捷的服务。现在，Internet 已经在各行各业和普通家庭中普及，成为现代办公和日常生活不可缺少的工具。本章将介绍如何将计算机接入 Internet、从网上搜索及保存信息、收发电子邮件、下载各种文件、进行网上即时通信以及实现网上购物等内容。

本章主要内容

- Internet 基础知识及将计算机接入 Internet 的方法；
- 搜索引擎的使用及信息的保存；
- 电子邮件的应用；
- 下载文件的应用；
- 网上即时通信的应用；
- 网上购物。

能力培养目标

培养学生掌握将计算机接入 Internet、从网上搜索及保存信息、收发电子邮件、下载各种文件、使用网上即时通信和网上购物等应用 Internet 的能力。

任务导入及问题提出

任务1　将计算机接入 Internet

Internet 的资源丰富，为了实现信息交换、资源共享，可以将计算机接入 Internet（互联网）来实现。这里要求实现将现有局域网的计算机接入 Internet。

任务2　从网上搜索及信息保存

用搜索引擎搜索指定主页内容及保存所搜索内容。

任务 3　申请免费电子邮箱并发送电子邮件

申请免费邮箱和使用该邮箱发送电子邮件。

任务 4　从 Internet 上下载文件

下载并安装专用下载软件，以及使用专用下载软件下载文件。

任务 5　网上即时通信的应用

下载并安装网上即时通信软件，以及使用该软件在网上即时通信方面的应用。

任务 6　网上购物的应用

在淘宝网注册账户、激活支付宝账户并购买商品。

问题与思考

- 如何将计算机接入 Internet？
- 如何在 Internet 上搜索信息？
- 如何收发电子邮件？
- 如何下载文件？
- 如何实现网上即时通信？
- 如何实现网上购物？

知识点

1. Internet 基础知识

1）Internet 的概念

Internet 是一个由各种不同类型和规模的、独立运行和管理的计算机网络组成的世界范围的巨大计算机网络。组成 Internet 的计算机网络包括小规模的局域网（LAN）、城市规模的城域网（MAN）以及大规模的广域网（WAN）等。这些网络通过普通电话线、高速率的专用线路、卫星、微波和光缆线路把不同国家的大学、公司、科研部门以及军事和政府等组织的网络连接起来。

2）IP 地址

IP 地址也可以称为 Internet 地址，是用来唯一标识 Internet 上计算机的逻辑地址。Internet 中的每一台主机都分配有一个唯一的 32 位地址，每台联网计算机都依靠 IP 地址来标识自己。IP 地址类似于电话号码，通过电话号码来找到相应的电话。全世界的电话号码都是唯一的，IP 地址也一样。

3）网络域名

网络域名是网络上的一台服务器或一个网络系统的名字，在全世界没有重复的域名。域名的形式是由若干个英文字母和数字组成的（中文域名还可以包含中文），由"."分隔成几部分，如"www.cctv.com"就是"中央电视台"的网络域名。域名是 Internet 时代一个企业与外部社会交流的身份证,也是企业的网上名称、网上商标。

4）TCP/IP

TCP/IP确定了网络传输的规则,是计算机与计算机之间以及网络与网络之间沟通、交流的桥梁,是目前网络通信的主要协议。Internet是一个基于TCP/IP的网络,接入Internet后,要顺利访问网络资源,必须正确配置TCP/IP参数。

5）计算机与Internet的连接方式

（1）拨号上网。拨号上网是通过电话线与网络连接的一种上网方式。虽然拨号上网方式目前使用率很低,但由于它具有投资小、见效快、容易实现等优点,因此仍被部分用户采用。

（2）ADSL上网。ADSL是运行在普通电话线上的一种高速上网技术,通过ADSL Modem采用虚拟方式进行网络连接。ADSL上网与拨号上网相比,传输速率更快。目前,ADSL上网的付费方式一般采用月租式,即每月固定向ISP服务商缴纳相应的费用,就可以24时在线上网。

（3）宽带上网。宽带上网主要采用光缆与双绞线相结合的整体布线方式,利用以太网技术为整个社区提供宽带接入服务。宽带一般可提供10Mbps以上的共享带宽,并可根据用户的需求升级到100Mbps以上。宽带的安装过程简单,同时由于家用宽带不占用电话、有线电视等其他通道,独自享有电缆,因而性能较为稳定。

（4）局域网上网。一般将传输距离在10km以下的网络称为局域网。局域网中的计算机通过局域网的代理服务器与Internet连接。

（5）无线上网。随着Internet技术的飞速发展,人们越来越多地使用无线上网。只要计算机所处的地点处在服务商无线电波覆盖的领域,并有一张兼容的无线网卡,就可以轻松地通过无线电波将计算机连接到Internet上。

2. 搜索引擎

1）搜索引擎的含义

随着Internet的高速发展,网上的Web站点也越来越多,面对如此庞大的信息库,如何能够快速方便地查找到自己所需的信息呢？于是,搜索引擎应运而生。

搜索引擎(Search Engine)是指根据一定的策略,运用特定的计算机程序搜集互联网上的信息,在对信息进行组织和处理后,为用户提供检索服务的系统。

从使用者的角度看,搜索引擎提供一个包含搜索框的页面,在搜索框输入词语,通过浏览器提交给搜索引擎后,搜索引擎就会返回与用户输入的内容相关的信息列表。

2）常用的搜索引擎

目前,Internet上的搜索引擎比较多,当使用某个搜索引擎未能搜索到所需的资料时,可以换用其他的搜索引擎再次搜索。目前,常用且功能较强的搜索引擎有以下几种。

（1）"百度"搜索引擎。"百度"是一个非常优秀的搜索引擎,其搜索功能十分强大,可以根据Internet本身的链接结果对搜索到的所有网站自动进行分类,并能为输入的搜索关键字迅速提供准确的搜索结果。

（2）Google 搜索引擎。Google 是一个比较有特色的搜索引擎,它提供了所有网页、图片、资讯、论坛和网页目录等搜索模块。在使用关键字搜索时还可以选中【搜索所有网页】【搜索所有中文网页】和【搜索简体中文网页】三个单选按钮来缩小搜索范围,从而使搜索结果更加准确。

（3）"网易"搜索引擎。"网易"搜索引擎采用分类搜索。适合搜索小说、杂志和网页等资料。

（4）Yahoo 搜索引擎。Yahoo 也是世界上著名的搜索引擎之一,它不仅提供了关键字搜索和分类式搜索两种基本搜索方式,还提供了热门话题搜索。

（5）"新浪"搜索引擎。"新浪"搜索引擎是面向全球华人的网上资源查询系统,是中国第一家可对多个数据库查询的综合搜索引擎;提供网站、网页、新闻、软件、游戏等查询服务;网站收录资源丰富,是 Internet 上最大规模的中文搜索引擎之一。

3）保存网页中文字的方法

保存网页中文字的方法主要有两种:一是复制网页中的文字后粘贴到写字板或Word 文档中,然后进行保存;二是选择要复制的网页中的文字,直接拖动到写字板或Word 文档中,然后再进行保存。

3. 电子邮件

1）电子邮件的概念

电子邮件(E-mail)是一种通过网络实现异地传送和接收信息的现代化通信手段。内容可以包括文本、图形、声音和视频等。电子邮件不仅改变了人们长期通过邮局寄信的传统通信方式,而且更加快捷、方便、经济和可靠。在 Internet 上发送电子邮件,使用者要有一个电子邮箱地址和一个密码,电子邮箱地址供接收电子邮件时用,密码供用户所连接的主机核对账号时用。如果发信给他人,还需要知道收件人的电子邮箱地址。

2）电子邮箱地址

电子邮箱地址的格式为:＜用户名＞@＜主机名＞.＜域名＞,用户名可以包括字母、数字和特殊字符,但不允许有空格。例如,小刘的 E-mail 地址名为 bjdahy@163.com,其中,"@"表示"在"(即 at);"bjdahy"是用户名,也就是用户的邮箱账号;"163"为主机名,表示用户的邮箱在哪台主机上;"com"为域名,表示邮箱所在的主机在哪个域中。

3）邮件服务器

为用户提供电子邮件收发服务的计算机主机称为邮件服务器。邮件服务器分为邮件接收服务器(POP 或 POP3)和邮件发送服务器(SMTP)。

4）电子邮件中的附件

附件就是同电子邮件一起发送的附加文件,如图片、视频、动画等文件。由于邮件正文区只能以纯文本方式输入内容,所以要发送其他文件必须以附件的形式发送。多次单击【添加附件】可以添加多个附件,但发送的附件总容量一般不超过 20MB。

如果要将同一封邮件发送给多个接收者,可在【收件人】栏中输入多个邮箱地址,邮箱地址之间用英文状态下的逗号隔开。

4.“下载”的相关知识

1）“下载”的概念

Internet 包含了丰富多彩的信息资源,如图像、视频、音频、软件等,那么如何获得这些资源呢? 这就需要“下载”。“下载”是指把文档、图片、声音等文件从远程主机上复制到本地硬盘上的过程。相反,也可以将自己计算机上的图片、声音等文件上传到网上的某台服务器中(当然前提是知道该服务器的名称和密码)。

2）使用浏览器直接下载

不使用任何工具,直接在浏览器中单击相应链接,浏览器就会自动下载。这是普通用户用得最多的下载方式,它操作简单方便,只是给文件找个存放路径即可下载。这种方式虽然简单,但它不支持断点续传,大的文件无法下载,且下载速度较慢。

3）使用专业的下载软件下载

常见的专业下载软件有迅雷、网络蚂蚁、网际快车、影音传送带等,与在浏览器中直接下载相比,由于专业的下载软件能够使用多线程下载和断点续传,可以快速下载较大的文件。

5. 网上即时通信

要解决通话费太高的最好办法是在网上进行通话,花很少的上网费可以畅快地聊天。网络聊天的方法很多,最常见的方法是通过即时通信软件实现,此外,还可以通过聊天室、BBS 和论坛等实现。目前,常用的聊天软件有腾讯 QQ 和微信等。

腾讯 QQ 是一款基于 Internet 的即时通信软件,是目前使用较为广泛的聊天工具。该软件支持在线聊天、视频电话、点对点续传文件、共享文件、网络硬盘、QQ 邮箱等多种功能。在使用 QQ 之前,必须先下载并在自己的计算机上安装 QQ 软件。同时还需要申请一个 QQ 号码。

微信是腾讯公司于 2011 年年初推出的一款通过网络快速发送语音短信、视频、图片和文字,支持多人群聊的手机聊天软件,是目前最热门的社交信息平台。微信的功能在不断丰富发展,能提供公众平台、朋友圈、消息推送、实时对讲机和微信支付等功能。微信的使用需要注册和登录。如果你拥有 QQ 账号,就可以不需要注册而直接使用 QQ 账号登录微信。如果你不想使用 QQ 账号登录的话,可以用手机号码进行快捷注册。

6. 网上购物的相关概念

1）电子商务

电子商务是指两方或多方通过计算机和网络技术等现代信息技术进行商务活动的过程。它主要分为 ABC、B2B、B2C、C2C 4 种模式。

ABC 模式是新型电子商务模式的一种,是由代理商(Agents)、商家(Business)和消费者(Consumer)共同搭建的集生产、经营、消费于一体的电子商务平台。

B2B 模式的电子商务是企业与企业之间进行的电子商务活动。

B2C 模式的电子商务是企业与个人之间进行的电子商务活动。

C2C 模式的电子商务是个人与个人之间进行的电子商务活动。

2）网络购物

网络购物又称网上交易，是指发生在互联网中企业之间、企业和消费者之间、个人之间、政府和企业之间通过网络通信手段进行的商品和服务交易。

3）第三方支付平台

第三方支付平台是指平台提供商通过通信、计算机和信息安全技术，在商家和银行之间建立连接，从而实现消费者、金融机构以及商家之间货币支付、现金流转、资金清算、查询统计的一个平台。作为网络交易的监督人和主要支付渠道，第三方支付平台提供了更丰富的支付手段和可靠的服务保证。

目前，主要的第三方支付平台有支付宝、财付通等。

任务实施步骤

任务 1　实施将计算机接入 Internet

将计算机接入 Internet 的方法很多，有拨号上网、ADSL 上网、宽带上网、局域网上网和无线上网等，这里介绍将现有局域网的计算机接入 Internet（互联网）的方法。

具体操作步骤如下。

第 1 步：将网线插入网卡接口中，保证计算机与网络的连接。

第 2 步：在桌面上右击【网络】图标，在弹出的快捷菜单中执行【属性】命令，打开如图 6-1 所示的【网络和共享中心】窗口。（或【「开始」菜单】/【控制面板】/【网络和共享中心】）

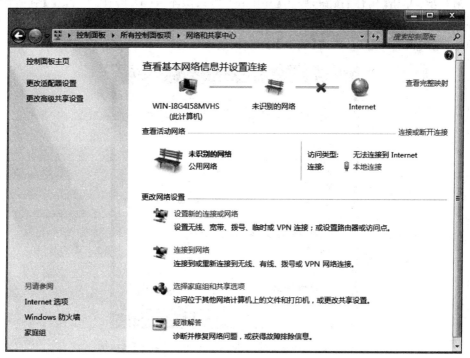

图 6-1　【网络和共享中心】窗口

第 3 步：单击右侧的【连接】/【本地连接】选项，弹出【本地连接 状态】对话框，如图 6-2 所示。

第 4 步：单击【属性】按钮，弹出【本地连接 属性】对话框，在对话框中拖动滚动条，选择【Internet 协议版本 4(TCP/IPv4)】选项，如图 6-3 所示。

图 6-2 【本地连接 状态】对话框

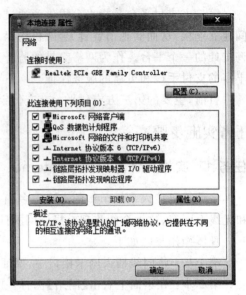

图 6-3 【本地连接 属性】对话框

第 5 步：单击【属性】按钮，弹出【Internet 协议版本 4(TCP/IPv4)属性】对话框，如图 6-4 所示。在对话框中填写公司局域网的 IP 地址、子网掩码、默认网关和 DNS 服务器的地址，完成相应设置后，单击【确定】按钮，网络就配置连通了。

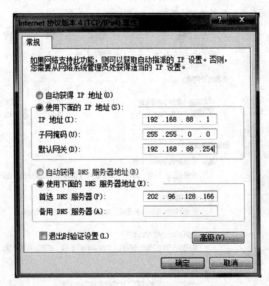

图 6-4 【Internet 协议版本 4(TCP/IPv4)属性】对话框

注：如果局域网使用的是静态 IP 地址，则 IP 地址、子网掩码、默认网关和 DNS 服务器的地址可以从网络管理员处获得。如果局域网使用的是动态 IP 地址，可以在图 6-4【Internet 协议版本 4（TCP/IPv4）属性】对话框中选中【自动获得 IP 地址】单选按钮。

任务 2　实施从网上搜索及信息保存

下面介绍用"百度"搜索引擎搜索"清华大学出版社"主页及保存主页内容的方法。

具体操作步骤如下。

第 1 步：打开 IE 浏览器，在地址栏中输入"百度"的网址"http://www.baidu.com"，按 Enter 键，即可打开【百度】网页。

第 2 步：在【百度】页面的搜索栏中，输入关键字"清华大学出版社"，单击【百度一下】按钮，则出现与"清华大学出版社"相关的多个搜索结果，如图 6-5 所示。

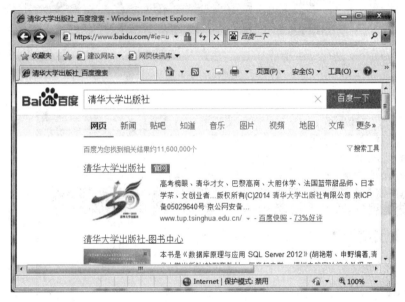

图 6-5　搜索"清华大学出版社"的结果

第 3 步：单击第一个搜索结果【清华大学出版社】，打开【清华大学出版社】的主页，如图 6-6 所示。

第 4 步：单击浏览器的文件菜单，选择【另存为】选项，打开【保存网页】对话框。

第 5 步：在【保存网页】对话框中选择保存路径、填写文件名、选择保存类型等，可将网页内容保存。

任务 3　实施申请免费电子邮箱并发送电子邮件

下面介绍申请 163 免费邮箱和发送电子邮件的方法。

具体操作步骤如下。

第 1 步：打开 IE 浏览器，在地址栏中输入 163 邮箱的网址"http://mail.163.com/"，按 Enter 键，打开网易【163 网易免费邮】的页面，如图 6-7 所示。

图 6-6　"清华大学出版社"主页

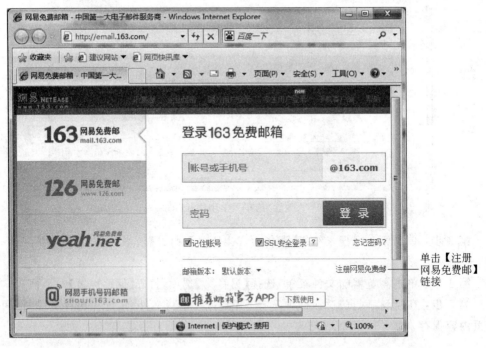

单击【注册
网易免费邮】
链接

图 6-7　【163 网易免费邮】页面

　　第 2 步：单击【注册网易免费邮】链接，进入申请免费邮箱的注册页面，如图 6-8 所示。先从所提供的"注册字母邮箱""注册手机号码邮箱"和"注册 VIP 邮箱"三个种类中选择一种，然后输入注册所需资料。

　　第 3 步：输入注册所需资料后，单击该页面最下方的【立即注册】按钮，出现注册成功的提示信息,如图 6-9 所示。至此,网易 163 电子邮箱申请成功,以后就可以使用该电子邮箱收发电子邮件了。

图 6-8　输入注册所需资料　　　　　　　　　　图 6-9　注册成功界面

第 4 步:使用电子邮箱时,在如图 6-7 所示的网易【163 网易免费邮】的页面上输入账号和密码便可进入邮箱的页面,如图 6-10 所示。

图 6-10　进入邮箱的页面

第 5 步：单击【写信】按钮，打开【写信】页面，如图 6-11 所示。在收件人地址中输入收信人的地址（如 cx2132123@163.com）；在主题栏中输入信件的主题（如《办公自动化教程目录》）；单击【添加附件】按钮，打开【选择文件】对话框，从中选择《办公自动化教程目录》文档，单击【打开】按钮，即把《办公自动化教程目录》文档作为附件添加到电子邮件中，在文本框中可以输入信件的内容。

图 6-11　【写信】页面

第 6 步：写完信件的内容后，单击【发送】按钮，如果发送成功，则出现提示邮件【发送成功】的页面，如图 6-12 所示。如果有人给你来信，则在收件箱中可以看到，单击来信便可以查看来信内容。

图 6-12　邮件【发送成功】页面

任务 4　实施从 Internet 上下载文件

网上有很多资源可以在浏览时直接下载，但是利用浏览器下载速度比较慢而且很容易出现问题。使用专用下载软件可以提高下载速度，并且支持断点续传。目前，比较流行的下载软件有迅雷、QQ 旋风、网络蚂蚁等。这里介绍从【天空软件站】下载并安装迅雷下载工具软件，然后再用迅雷下载办公软件的操作方法。

具体操作步骤如下。

第 1 步：通过【百度】搜索并打开【天空软件站】主页，单击【网络软件】，如图 6-13 所示。

图 6-13　【天空软件站】主页

第 2 步：在网络软件的【本类精选】中找到要下载的迅雷软件，如图 6-14 所示。

图 6-14　下载页面

第 3 步：单【击迅】雷后，出现如图 6-15 所示的下载页面。

图 6-15　迅雷软件的下载页面

第 4 步：在该页面上选择合适的下载地址，单击下载链接后，弹出【文件下载】对话框，如图 6-16 所示。

第 5 步：选择好保存路径后，单击【保存】按钮，就可以将迅雷软件下载到计算机硬盘上了。

第 6 步：双击迅雷的安装文件 Thunder5.9.15.1274 图标，按照提示信息将迅雷安装到计算机。

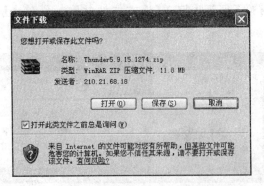

图 6-16 【文件下载】对话框

第 7 步：通过"百度"搜索"办公软件"，对所需要的办公软件名称上右击，从弹出的快捷菜单中选择【使用迅雷下载】命令（安装迅雷软件的计算机的右键菜单中会有【使用迅雷下载】的菜单项）。

第 8 步：执行【使用迅雷下载】命令后，弹出【建立新的下载任务】对话框，如图 6-17所示。

图 6-17 【建立新的下载任务】对话框

第 9 步：单击【浏览】按钮选择存储目录，再单击【确定】按钮，打开如图 6-18 所示的画面，开始下载。

图 6-18 迅雷下载显示窗口

任务 5　实施网上即时通信的应用

网上即时通信软件主要有腾讯 QQ、MSN 等，这里介绍腾讯 QQ 软件的下载、安装和使用。

1. 腾讯 QQ 软件的下载与安装

具体操作步骤如下。

第 1 步：在浏览器地址栏中输入腾讯网址"http://www.qq.com"，登录腾讯网，如图 6-19 所示。

图 6-19　腾讯 QQ 主页

第 2 步：在腾讯主页的右方找到如图 6-20 所示的下载界面，单击 QQ 链接，打开如图 6-21 所示的软件下载页面。

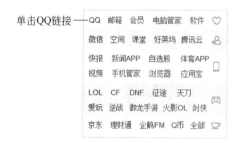

图 6-20　腾讯 QQ 软件下载界面

图 6-21　软件下载页面

第 3 步：在软件下载页面的下方，如图 6-22 所示，单击 QQ PC 版的【下载】按钮，弹出【文件下载-安全警告】对话框，如图 6-23 所示。

第 4 步：若单击【运行】按钮，则直接安装 QQ 软件。若单击【保存】按钮，则先保存后安装。此处介绍单击【保存】按钮，选择文件保存位置后弹出文件下载进度对话框，如图 6-24 所示。

第 5 步：文件下载完成后，单击【运行】按钮，弹出 QQ 软件安装界面，如图 6-25 所示。

第 6 步：单击【立即安装】按钮便安装 QQ 软件，安装完成后，计算机桌面上会出现 QQ 图标。

图 6-22　QQ PC 版的【下载】界面

图 6-23　【文件下载-安全警告】对话框

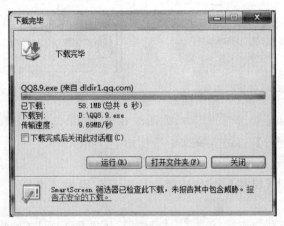

图 6-24　软件下载进度对话框

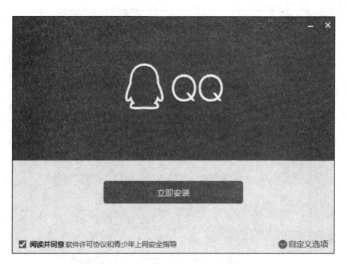

图 6-25　QQ 软件安装界面

2. 申请腾讯 QQ 号码

腾讯 QQ 要有自己的 QQ 号码和密码才能登录并使用。目前,网上有免费的 QQ 号码供大众申请使用。具体操作步骤如下。

第 1 步:双击计算机桌面的 QQ 软件图标,进入 QQ 软件登录界面,如图 6-26 所示。单击界面右方的【注册账号】链接,打开如图 6-27 所示的注册账号页面。

图 6-26　QQ 软件登录界面

第 2 步:输入所需注册账号信息,然后单击下方的【立即注册】按钮,便可申请到 QQ 号码,如图 6-27 所示。

3. 登录和使用腾讯 QQ

具体操作步骤如下。

第 1 步:双击计算机桌面的 QQ 软件图标,弹出如图 6-26 所示的 QQ 软件登录界面,输入 QQ 号码和密码,单击【登录】按钮,登录腾讯 QQ。

第 2 步:登录成功后,腾讯 QQ 界面如图 6-28 所示。

注册账号

昵称		请输入昵称
密码		
确认密码		
性别	◉男 ○女	
生日	公历 ▾ 年 ▾ 月 ▾ 日 ▾	
所在地	中国 ▾ 广东 ▾ 梅州 ▾	
手机号码		

可通过该手机号码快速找回密码
中国大陆地区以外手机号码 点击这里

立即注册

☑ 同时开通QQ空间
☑ 我已阅读并同意相关服务条款和隐私政策 ▾

图 6-27　注册账号页面

添加好友按钮

图 6-28　腾讯 QQ 界面

　　第 3 步：添加 QQ 好友。在图 6-28 的 QQ 界面中，单击左下角的添加好友按钮"＋"，弹出如图 6-29 所示的查找界面。输入对方的 QQ 账号，单击【查找】按钮。

图 6-29　查找界面

第 4 步：出现查找到好友的资料，如图 6-30 所示。核实对方资料后，单击【添加好友】
按钮 ，添加好友。

第 5 步：单击 +好友 按钮后，出现如图 6-31 所示备注好友
资料界面，填写好友资料后，单击【下一步】按钮，便可成功添加
好友。

第 6 步：添加好友成功界面如图 6-32 所示，QQ 好友栏目
中就有 QQ 好友图标。

图 6-30　查找到的好友

图 6-31　备注好友资料界面

图 6-32　成功添加好友界面

4. 腾讯 QQ 的使用

具体操作步骤如下。

第 1 步：单击 QQ 好友头像，弹出如图 6-33 所示聊天界面。

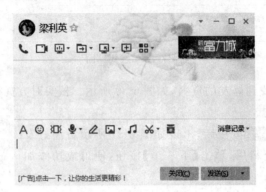

图 6-33　QQ 聊天界面

第 2 步：在 QQ 聊天界面的下方，输入聊天文字后单击【发送】按钮，便可将聊天内容发送给好友。

第 3 步：在 QQ 聊天界面的上方，有一排按钮，分别可实现语音通话、视频通话、远程演示、传送文件、远程桌面、发起多人聊天和应用等功能。

任务 6　实施网上购物的应用

淘宝网是目前中国最受欢迎的网购零售平台之一，商品种类也最为齐全，下面以淘宝网上购物为例进行说明。

1. 注册淘宝账户

具体操作步骤如下。

第 1 步：在浏览器的地址栏输入淘宝网的网址"http://www.taobao.com"，进入【淘宝网】主页，如图 6-34 所示。

图 6-34　【淘宝网】主页

第 2 步：单击【淘宝网】主页左上方的【免费注册】按钮，打开如图 6-35 所示的【注册协议】页面，单击【同意协议】按钮。

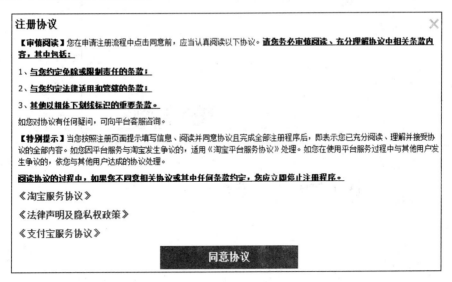

图 6-35　【注册协议】页面

第 3 步：在如图 6-36 所示的【用户注册】页面中，设置用户名时，先要输入本人手机号进行验证。

图 6-36　【用户注册】页面

第 4 步：手机收到验证码后，在如图 6-37 所示的页面中输入验证码，然后单击【确定】按钮。

第 5 步：在如图 6-38 所示的填写账号信息页面输入相关信息，然后单击【提交】按钮。

第 6 步：在设置支付方式环节，可以先不绑定银行账号（以后再绑定），直接单击【下一步】按钮，即可成功注册，如图 6-39 所示。

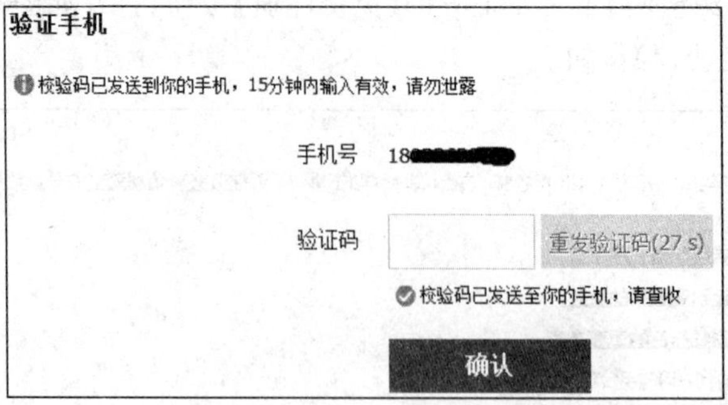

验证手机

ℹ️ 校验码已发送到你的手机，15分钟内输入有效，请勿泄露

手机号　18●●●●●●●●●

验证码　　　　　　　重发验证码(27 s)

☑️ 校验码已发送至你的手机，请查收

确认

图 6-37　【验证手机】页面

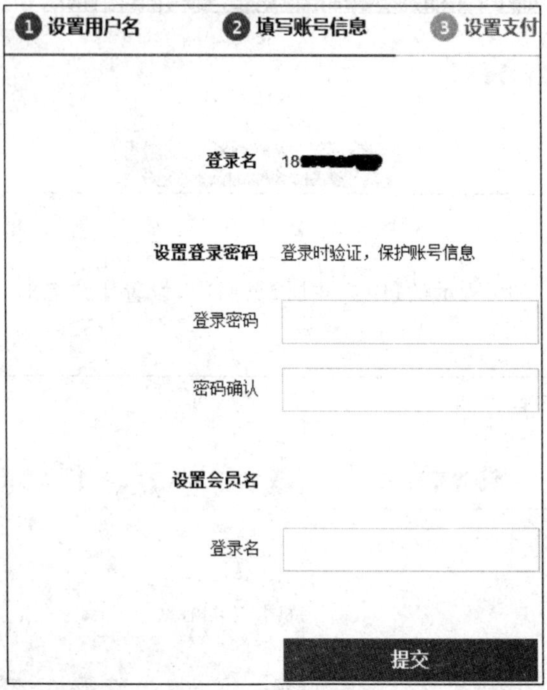

① 设置用户名　② 填写账号信息　③ 设置支付

登录名　18●●●●●●●

设置登录密码　登录时验证，保护账号信息

登录密码

密码确认

设置会员名

登录名

提交

图 6-38　填写账号信息页面

图 6-39　注册成功页面

2. 激活支付宝账户

在淘宝网注册成为会员后，便可开通支付宝服务。

支付宝是阿里巴巴公司为网络交易提供安全支付服务的第三方支付平台，通过支付宝可以安全、简单地完成网上支付。

用户成功注册淘宝账户后，系统自动创建一个未激活的支付宝账户，该支付宝账户就是注册时填写的手机号码，密码与淘宝账户登录密码一致。要正常使用支付宝，必须先补全账户信息，才能激活支付宝账户。

具体操作步骤如下。

第 1 步：在浏览器地址栏中输入支付宝网址"https://www.alipay.com"，登录支付宝主页，如图 6-40 所示。

图 6-40　支付宝主页

第 2 步：单击支付宝主页右上角的【快速登录】按钮，输入注册时的账户和密码，打开如图 6-41 所示的支付宝个人页面。

图 6-41　支付宝个人页面

第 3 步：单击【补充身份信息】按钮，打开设置身份信息页面，将个人资料补全，如

图 6-42 所示。

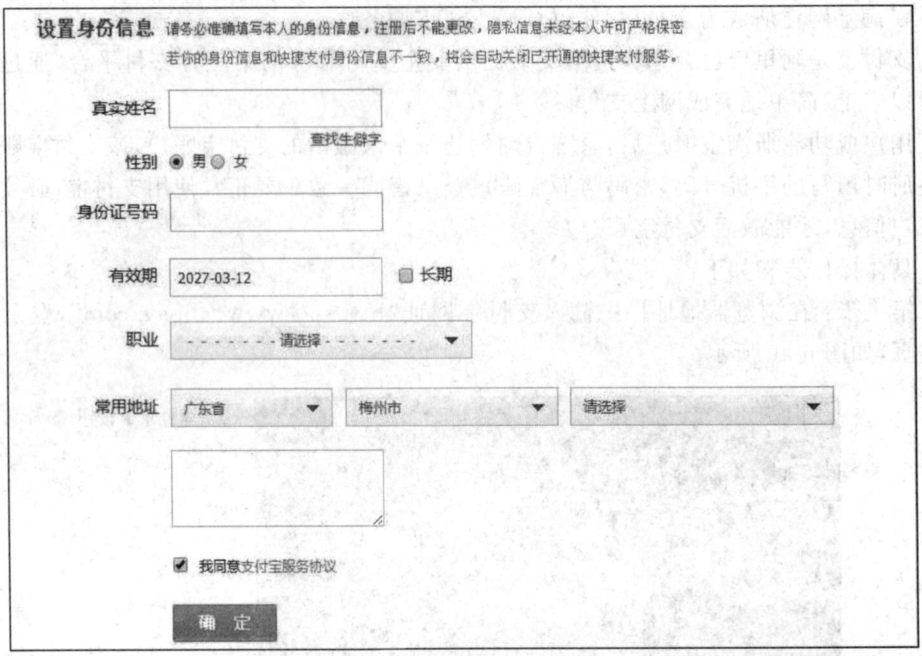

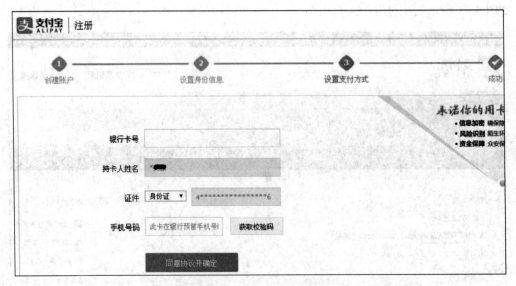

图 6-42　设置身份信息

第 4 步：在设置支付方式环节，如图 6-43 所示，绑定银行账号后，单击【同意协议并确定】按钮完成操作。

图 6-43　绑定银行账号

　　注：支付宝账户有两个密码，即登录密码和支付密码。前者在登录支付宝时使用，后者在购物付款时使用。

3. 购买商品

具体操作步骤如下。

第 1 步：查找购买商品。在淘宝首页搜索框中输入想要购买的商品，之后单击【搜索】按钮。例如，搜索"新疆红枣"，出现如图 6-44 所示的商品信息页面，还可以单击选中的商品或商品文字查看该商品的详细情况。

图 6-44　商品信息页面

第 2 步：拍商品。

（1）在购买前可以先看商品评价详情，了解一下别人对该商品是如何评价的。单击商品详情页面中【累计评价】选项卡，即可查看。

（2）同样在购买前，也可以与卖家进行交流，单击商品详情页面中的客服，即【和我联系】标志"阿里旺旺"，进入"阿里旺旺"，就可以和卖家进行交流。

（3）如果想立即购买，单击【立即购买】按钮；如果暂时不想买，可以将该商品加入购物车之后一起结算。

第 3 步：填写收货地址。单击【立即购买】按钮后，会弹出如图 6-45 所示的【创建收货地址】页面，填写收货地址、手机号码等信息后单击【保存】按钮。

第 4 步：确认订单和留言。在图 6-46 所示的【确认订单信息】页面，可以在留言栏给卖家留言说明自己的要求。确认无误后，单击【提交订单】按钮。

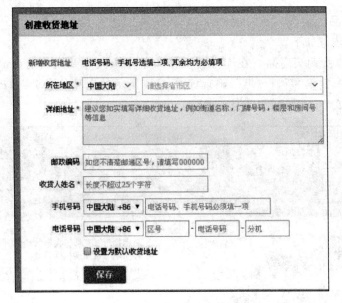

图 6-45 【创建收货地址】页面

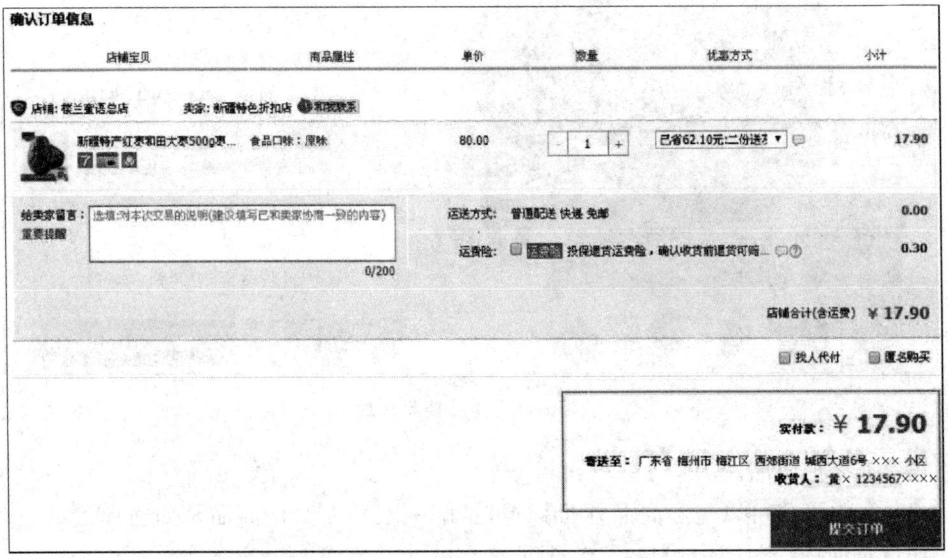

图 6-46 【确认订单信息】页面

第 5 步：进入支付宝，进行在线支付，如图 6-47 所示。

第 6 步：卖家发货。卖家发货后，在【我的淘宝】菜单下的【已买到的宝贝】的交易状态变为【卖家已发货】。

第 7 步：确认收货。收到货品，如果货品没有问题，登录淘宝后单击【我的淘宝】菜单下的【已买到的宝贝】按钮，在打开的页面选择需要确认收货的商品，进行确认收货操作。

第 8 步：对卖家进行评价。完成交易后，可登录淘宝，单击【我的淘宝】按钮，转入【我的淘宝】页面后，单击页面上方【待评价】按钮，找到评价的交易进行评价操作。

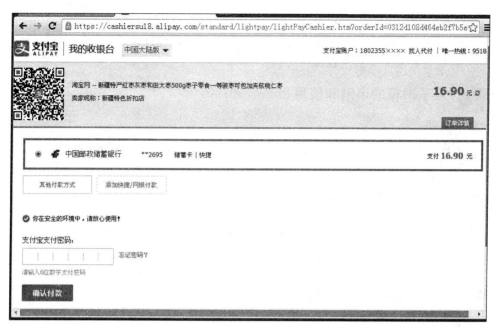

图 6-47　支付宝支付页面

上机实训

实训 1　将计算机接入 Internet

实训目的
掌握将计算机接入 Internet 的方法。

实训内容
将现有局域网中的计算机接入 Internet。

实训步骤
- 打开【网络连接】窗口。
- 打开【本地连接属性】对话框。
- 打开【Internet 协议(TCP/IP)属性】对话框。
- 填写 IP 地址、子网掩码、默认网关和 DNS 服务器的地址。

实训 2　从网上搜索及信息保存

实训目的
掌握搜索引擎的使用和信息的保存方法。

实训内容
从 Internet 中搜索有关《办公自动化教程目录》的文章并保存。

实训步骤

- 在搜索引擎的搜索栏中输入关键字"办公自动化教程目录"。
- 将符合要求的文章内容保存。

实训 3　电子邮箱的申请和使用

实训目的

掌握电子邮箱的申请和使用方法。

实训内容

申请电子邮箱并给教师发送贺卡。

实训步骤

- 申请免费电子邮箱。
- 将一张贺卡用电子邮件发送给教师。

实训 4　从 Internet 上下载文件

实训目的

掌握从 Internet 上下载文件的方法。

实训内容

使用下载软件下载有关"世博会"的资料。

实训步骤

- 下载并安装快车(FlashGet)软件。
- 用搜索引擎搜索有关"世博会"的资料。
- 用快车(FlashGet)软件下载"世博会"的资料。

实训 5　IS 语音(iSpeak)软件的下载、安装和使用

实训目的

掌握 IS 语音软件的下载、安装和使用方法。

实训内容

IS 语音软件的下载、安装和使用。

实训步骤

- 下载 IS 语音软件。
- 安装 IS 语音软件。
- 使用 IS 语音与同学聊天。

实训 6　网上购物

实训目的

掌握网上购物的操作方法和技巧。

实训内容

在京东商城的某店铺内同时购买两种不同的商品，完成交易后，并进行必要的评价。

实训步骤

- 注册京东账号。
- 在京东商城的同一网店中，先选购商品 1 后加入购物车，再选购商品 2 后加入购物车，一并结算。
- 填写收货人的详细信息和支付方式等。
- 收货后进行评价。

常用工具软件的使用

在使用计算机的过程中,经常会遇到计算机被病毒感染、因文件太大而无法发送电子邮件、需要大批查看图片或需要播放视频等情况,这时就需要使用一些工具软件来处理,如杀毒软件、文件压缩工具、图片编辑软件、多媒体播放软件、中英文翻译和查找地图软件等。这些工具软件,既保护了计算机,又扩展和补充了计算机的功能。

本章主要内容

- 计算机病毒及杀毒软件的使用;
- 压缩工具软件的使用;
- 图片编辑软件的使用;
- 多媒体播放软件的使用;
- 翻译软件的使用;
- 地图软件的使用。

能力培养目标

培养学生掌握常用工具软件的使用知识和能力。

7.1 计算机病毒及杀毒软件的使用

现在是互联网时代,大部分办公工作都通过 Internet 来完成。在日常办公过程中浏览网页或者查收邮件的时候,会出现计算机无法上网的现象,这就可能是有病毒侵入了计算机。计算机病毒会造成计算机无法正常使用,不能连接互联网,使计算机里的数据丢失,更严重的有可能直接毁坏计算机。在科技飞速发展、人类社会全面进入信息化时代的今天,不仅要了解信息和使用信息,还要学会保护信息。

1. 计算机病毒知识

计算机病毒是一种人为的恶意计算机程序,它一旦运行,就会设法生存、破坏并把自己复制到信息媒体(如硬盘、软盘、U 盘)中去。计算机病毒通常将自身的具有破坏性的代码复制到其他有用的代码上，先驻留在内存中，然后寻找可攻击的对象并传染它。计算机病毒程序可以通过硬盘、软盘、U 盘、电子邮件或网页传染到其他计算机上，进而将病毒传播开来。随着 Internet 的广泛应用，计算机病毒的传播速度非常惊人，通过网络，病毒能够在短时间内传播到世界各地。

1) 计算机病毒的特征

计算机病毒具有以下几个特征。

- 破坏性：计算机病毒能将计算机数据随意的删除、更改，甚至直接破坏计算机软件系统和硬件系统。
- 传染性：计算机病毒能在计算机数据和文件之间进行传播与感染，具有极强的传染性。
- 潜伏性：计算机病毒能在用户毫不知情的情况下侵入计算机系统，到特定的时候会自动激发，造成计算机系统的瘫痪。
- 隐蔽性：计算机病毒有一定的隐蔽性，很多病毒平时无法被察觉，不经过特殊手段无法查出和清除。

2) 计算机感染病毒后的主要表现形式

每种计算机病毒都具有一定的破坏行为，只是表现形式不同。归纳起来，计算机感染病毒后有以下几种表现形式。

- 机器不能正常启动。
- 搞恶作剧，在用户工作过程中弹出一些语句让用户回答，或自动显示一些画面。
- 使程序运行速度变慢。
- 经常出现"死机"现象。
- 改变文件大小，使文件无限变大。
- 删除磁盘上的文件，造成数据损坏。
- 自动格式化硬盘。
- 修改主板 BIOS，使硬件损坏。
- 使外部设备工作异常。

以上仅列出一些比较常见的病毒表现形式，但实际上还会遇到其他的特殊现象。总之，当计算机突然不能正常工作时，就要考虑它是否被病毒感染了。

3) 预防病毒的措施

病毒虽然能严重影响计算机的使用，但只要了解有关病毒的知识，并根据病毒的传播特点采取防范措施，就可以大大减少感染病毒的机会，保证计算机系统的相对安全。预防计算机病毒的措施有以下几点。

- 不要使用来历不明的磁盘或光盘，以免其中携带病毒而被感染。
- 使用外来磁盘之前，要先用杀毒软件扫描，确认无毒后再使用。
- 不要打开来历不明的电子邮件，甚至不要将鼠标指针指向这些邮件，以防其中带有病毒程序感染计算机。
- 养成备份重要文件的习惯，万一感染病毒，可以使用备份数据。
- 使用杀毒软件定时查杀病毒，并且经常更新升级杀毒软件，以便查杀新出现的病毒。

- 了解和掌握计算机病毒的发作时间,并事先采取措施。例如,CIH 病毒不同版本的发作时间限定为 4 月 26 日、6 月 26 日及每月的 26 日,应对方法是这一天不开机或在此之前更改系统时间,跳过病毒发作日。
- 使用 QQ 等即时通信软件时,不要随便将别人加为好友。
- 从 Internet 上下载软件时,要选择正规的、有名气的下载站点下载,不要从不知名的站点下载软件。软件下载后要及时用杀毒软件进行查毒。
- 如果要打开的文档中含有宏,在不能确定文档来源可靠的情况下不要贸然打开该文档。可以用最新杀毒软件进行扫描,确认无毒后再打开。

2. 瑞星杀毒软件的功能

瑞星杀毒软件是一款基于瑞星"云安全"系统设计的新一代杀毒软件。其"整体防御系统"可将所有互联网威胁拦截在用户计算机以外。深度应用"云安全"的全新木马引擎、"木马行为分析"和"启发式扫描"等技术保证将病毒彻底拦截和查杀。再结合"云安全"系统的自动分析处理病毒流程,能在第一时间将未知病毒的解决方案实时提供给用户。它的基本功能如下。

1)查杀病毒

- 后台查杀:在不影响用户工作的情况下进行病毒的处理。
- 断点续杀:智能记录上次查杀完成文件,针对未查杀的文件进行查杀。
- 异步杀毒处理:在用户选择病毒处理的过程中,不中断查杀进度,提高查杀效率。
- 空闲时段查杀:利用用户系统空闲时间进行病毒扫描。
- 嵌入式查杀:可以保护 MSN 等即时通信软件,并在 MSN 传输文件时进行传输文件的扫描。
- 开机查杀:在系统启动初期进行文件扫描,以处理随系统启动的病毒。

2)智能启发式检测技术+"云安全"

根据文件特性进行病毒的扫描,最大范围发现可能存在的未知病毒并极大限度地避免误报给用户带来的烦恼。

3)瑞星的智能主动防御技术

- 系统加固:针对系统的薄弱环节进行加固,防止系统被病毒破坏。
- 木马入侵拦截:最大限度地保护用户访问网页时的安全,阻止绝大部分挂木马网页对用户的侵害。
- 木马行为防御:基于病毒行为的防护,可以阻止未知病毒的破坏。

4)瑞星实时监控

- 文件监控:提供高效的实时文件监控系统。
- 邮件监控:提供支持多种邮件客户端的邮件病毒防护体系。

5)安全检测

计算机体检:针对用户系统进行有效评估,帮助用户发现安全隐患。

6)软件安全

- 密码保护:防止用户的安全配置被恶意修改。

- 自我保护：防止病毒对瑞星杀毒软件进行破坏。

7）工作模式

- 家庭模式：适用于用户在游戏、视频播放、上网等情况，为用户自动处理安全问题。

- 专业模式：用户拥有对安全事件的处理权。

8）"云安全"计划

与全球瑞星用户组成立体监测防御体系，最快速度发现安全威胁，解决安全问题，共享安全成果。

3. 瑞星杀毒软件的界面

当计算机安装瑞星杀毒软件后，会自动在桌面上生成快捷方式图标🐾，双击该图标就可以打开瑞星杀毒软件，其主界面如图 7-1 所示。

瑞星杀毒软件主界面是用户使用的主要操作界面，此界面为用户提供了瑞星杀毒软件所有功能和快捷控制选项。通过简便、友好的操作界面，用户无须掌握丰富的专业知识即可轻松使用瑞星杀毒软件。

瑞星杀毒软件主界面上有【首页】【杀毒】【防御】【工具】和【安检】五个选项按钮，可从中选择相应选项，图 7-1 中画面出现的是【杀毒】选项。

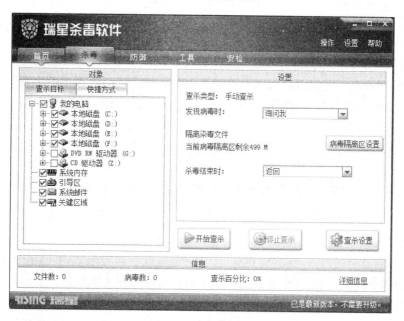

图 7-1 瑞星杀毒软件主界面

4. 瑞星杀毒软件的使用方法

应用瑞星杀毒软件杀毒的主要方法如下。

第 1 种：指定目录的方式查杀。启动瑞星杀毒软件，在如图 7-1 所示的主界面上选择【杀毒】选项，在左边的【查杀目标】中单击要查杀的选项，选择要查杀的目标，然后在右边的【设置】栏目中选择相应选项，单击【开始查杀】按钮，杀毒软件会自动对计算机系统中的所选目标进行病毒查杀。

第 2 种：右键查杀。在【计算机】窗口中选择要查杀病毒的某个磁盘图标，右击，在弹出的快捷菜单中选择【使用瑞星杀毒】选项，即可启动程序，并对该磁盘进行扫描和查杀病毒，例如，对 D 盘杀毒如图 7-2 所示。

第 3 种：定时查杀。单击瑞星杀毒软件主界面中的【查杀设置】按钮，打开【设置】对话框，它有【查杀设置】【监控设置】【防御设置】【升级设置】和【其他设置】等项目。在【查杀设置】中有【手动查杀】【空闲时段查杀】【开机查杀】和【其他嵌入式杀毒】等选项，可按需要进行定时查杀的设置。

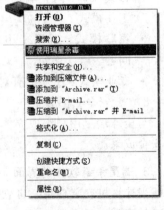

图 7-2　对 D 盘进行杀毒

5. 杀毒软件的日常维护

1) 杀毒软件的升级

目前，各种新病毒层出不穷，因此杀毒软件的病毒库也是每天都在更新的，及时对软件库进行升级，才能将病毒对计算机的威胁降到最低。

对瑞星杀毒软件升级的方法有定时升级和手动升级两种。定时升级可以设置每月、每周、每天、每小时的具体时间升级瑞星杀毒软件。手动升级可以单击瑞星杀毒软件主界面中的【查杀设置】按钮，打开【设置】对话框，在【升级设置】选项中可进行相应的设置。

2) 按时更换新版本的瑞星杀毒软件

瑞星公司会在一定间隔的时间内对瑞星杀毒软件进行一次版本的更新，以应付更多新病毒的出现，要想保证计算机免受新病毒的侵害，最好能及时更换新版本的杀毒软件。

7.2　压缩工具软件的使用

我们都知道，网络数据的传输速率是网络中最重要的一项指标。因此，如何在丰富网络内容的同时尽可能减少网络文件的数据量，一直是人们关注的问题。

1. 认识压缩软件

在平时的办公过程中，很多资料都是图像、音频或影像等形式的，这些文件往往都很大，不但占存储空间，而且不方便传送。这个时候就要用到压缩软件。

压缩软件的作用就是通过压缩来改变压缩对象的大小，以达到需要的容量。它不但能对一个文件进行压缩，而且当有若干个文件需要同时传送时，压缩软件还可以把所有的文件集中到一起，变成一个文件直接传送给对方。压缩软件还可以对某个特定的文件进行加密保存及对压缩对象进行文字解释。

2. WinRAR 压缩软件的主界面

WinRAR 压缩软件是专门用来压缩文件的软件，当在计算机上安装了 WinRAR 压缩软件后，启动该程序可打开 WinRAR 压缩软件的主界面，如图 7-3 所示。

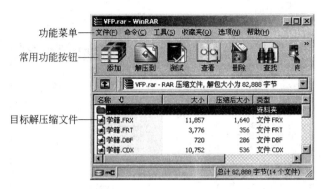

功能菜单

常用功能按钮

目标解压缩文件

图 7-3 WinRAR 压缩软件的主界面

3. 压缩文件

若要压缩文件,可以打开 WinRAR 压缩软件的主界面,选择相应的操作,也可以启动 WinRAR 后把要压缩的对象通过打开加入程序当中,利用压缩向导完成。另外,由于 WinRAR 安装后集成到右键菜单中,因此可以使用右键快捷菜单进行文件的压缩。例如,要压缩一个名为"风光"的文件夹,其具体操作步骤如下。

第 1 步:对要压缩的文件夹右击,弹出快捷菜单,如图 7-4 所示。

第 2 步:从弹出的快捷菜单中执行【添加到"风光.rar"】命令,打开显示压缩进度的对话框,如图 7-5 所示。

图 7-4 右键快捷菜单

第 3 步:稍等片刻便可在压缩的文件夹所在位置生成一个与该文件夹名称相同的 RAR 文件,这就是压缩后的文件,对照一下即可发现该文件与原文件相比小了很多。

4. 解压文件

当要使用压缩过的文件时,必须先将其解压还原。解压文件通常都是使用快捷键菜单直接进行,即在压缩文件上直接右击,在弹出的快捷菜单中执行【解压文件】或【解压到当前文件夹】命令,如图 7-6 所示。这时会弹出【解压路径和选项】界面,单击【确定】按钮,

图 7-5 正在创建压缩文件

图 7-6 选择解压文件并打开

会将解压后的文件保存在当前文件夹下,完成解压缩,如图7-7所示。

图7-7　解压路径和选项

7.3　图像处理软件的使用

在现代化办公过程中,使用数码相机、扫描仪等获取图片后,经常要对这些图片做进一步的加工处理,使其更加美观、漂亮。下面介绍目前流行的ACDSee图像处理软件的使用方法。

1. 认识ACDsee图像处理软件

ACDSee是一款常用数字图像处理软件之一,广泛应用于图片的获取、管理、浏览、优化及与他人的分享。ACDSee支持多种格式的图形文件,并能完成格式间相互转换。它能快速、高质量地显示图片,配以内置的音频播放器,可以播放精彩的幻灯片。ACDSee还是很好的图片编辑工具,能够轻松处理数码影像,拥有去除红眼、剪切图像、锐化、浮雕特效、曝光调整、旋转、镜像等功能,并能进行批量处理。

正确安装ACDSee后,双击计算机桌面上的ACDSee程序图标 ,即可启动ACDSee,ACDSee启动后的主界面如图7-8所示。

2. ACDSee的应用

1) 浏览图片

ACDSee的主要功能之一是浏览图片,它不但可以改变图片的显示方式,而且还可以进入幻灯片浏览器或浏览多张图片。执行菜单栏中的【文件】/【打开】命令,便可打开图片所在的文件夹,界面中显示文件夹中的图片,如图7-9所示。

浏览图片时可选择浏览方式,具体操作方法如下。

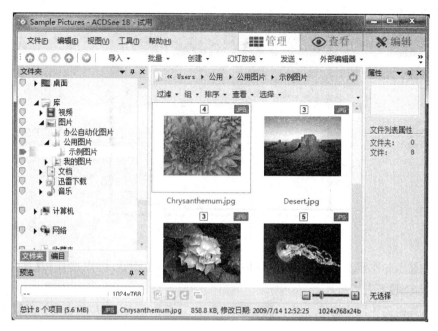

图 7-8　ACDSee 主界面

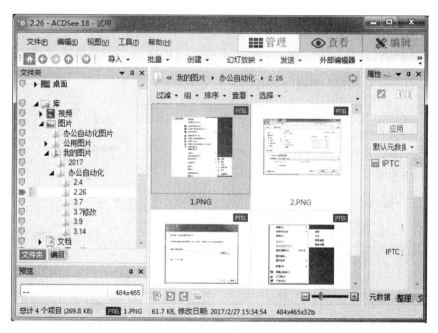

图 7-9　ACDSee 的图片浏览

　　单击图片文件显示窗口上方的 过滤 ▾ 按钮,从弹出的下拉菜单中选择【高级过滤器】选项,打开如图 7-10 所示的【过滤器】对话框,通过选择【应用过滤准则】项目下的规则对图片进行过滤。

　　单击图片文件显示窗口上方的 组 ▾ 按钮,打开下拉菜单,可以根据【文件大小】【拍摄

232

日期】等方式组合图形文件。

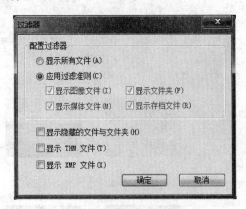

图 7-10 【过滤器】对话框

　　单击图片文件显示窗口上方的 排序 ▾ 按钮,打开下拉菜单,可以选择按【文件名】【大小】【图像类型】等进行排序。

　　单击图片文件显示窗口上方的 查看 ▾ 按钮,打开下拉菜单,可以选择【平铺】【图标】等显示方式。

　　单击图片文件显示窗口上方的 选择 ▾ 按钮,打开下拉菜单,可以通过【选择所有文件】【按评级选择】等方式选择文件。

　　2)管理图片

　　(1)获取图片的另一种方式是导入图片,单击图片管理界面的 导入 ▾ 按钮,如图 7-11 所示,可从设备、CD/DVD、磁盘、扫描仪、手机文件夹导入图片。

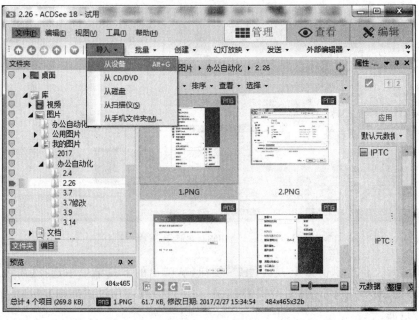

图 7-11 导入图片

（2）ACDSee 还给用户提供了批量管理图片的功能，选择各种各样的图片，单击 批量▾ 按钮，从打开的下拉菜单中可以对所选中的图片进行统一的修改，比如，转换文件格式、旋转/翻转，调整大小、曝光度、时间标签等，可以提高效率，减轻工作量。

（3）转换图片的文件类型。选择需要转换文件类型的图片，单击 创建▾ 按钮，打开下拉菜单，选择文件类型，打开创建向导对话框，按照对话框要求进行参数设置即可。

（4）单击 幻灯放映▾ 按钮，打开下拉菜单，选择幻灯片放映命令可以使图片按照幻灯片形式播放。选择配置幻灯片放映命令可以设置幻灯片放映的参数。

（5）单击 发送▾ 按钮，可以把图片发送到新浪微博、FTP 站点等。

（6）单击 外部编辑器▾ 按钮，可以另外配置图片编辑器。

3）查看图片

ACDSee 提供了图片查看功能，使用它可以对图片进行适当旋转、缩放等调整，便于用户查看图片。

在图片文件显示窗口中选中某张需要详细查看的图片，按 Enter 键或双击该图片即可切换到 ◉查看 窗口。在图片【查看】窗口中，可通过单击窗口主工具栏中的相应按钮进行查看上/下一张图片、缩放、旋转等操作。主工具栏中查看图片的常用按钮功能如表 7-1 所示。

表 7-1　主工具栏中查看图片的常用工具按钮

按钮	名　称	功　能
🖼	添加到图像框	单击此按钮，可把选中图片添加到图像框
↺	向左旋转	单击此按钮，可逆时针旋转图片 90°
↻	向右旋转	单击此按钮，可顺时针旋转图片 90°
✋	滚动工具	单击此按钮，可将放大后的图像拖动并进行浏览
⬛	选择工具	单击此按钮，可任意框选图片上的任何部分
⬤	缩放工具	单击此按钮，可放大或缩小图像
⤢	全屏幕	单击此按钮，可全屏模式看图片
🎨	外部编辑器	单击此按钮，可对选中图片进行外部编辑
↗	适合图像	单击此按钮，可调整图片为适合图像屏幕

4）编辑图片

ACDSee 提供了强大的图片编辑功能，使用它可以对图片的亮度、对比度和色彩等进行调整，还可以进行裁剪、旋转、缩放、添加文本等操作。

在 ACDSee 软件的主界面中，选择要进行操作的图片，单击界面右上方的 ✖编辑 按钮进入图片编辑窗口，如图 7-12 所示。

编辑工具栏上常用的按钮名称和功能如表 7-2 所示。

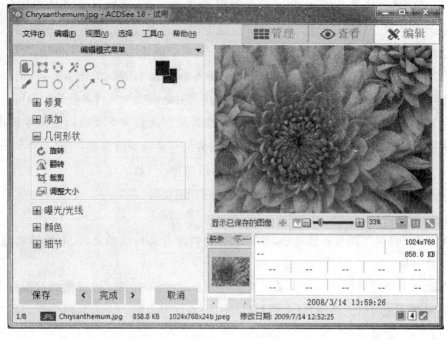

图 7-12　图片编辑窗口

表 7-2　编辑工具栏上常用的按钮名称和功能

选　项	名　称	功　能
选择范围	选择范围	利用套索等工具框选图片
修复	红眼消除	去除图片中的红眼
	修复工具	对图片局部进行颜色上的修复
添加	文本	为图片添加文本
	边框	通过颜色、纹理的设置为图片添加边框
	晕影	设置水平、垂直等参数显示部分图片
	特殊效果	根据自己的喜好对艺术、颜色等进行设置
	绘图工具	可对图片进行涂鸦操作
几何形状	旋转	对图片进行任意角度的旋转
	翻转	对图片进行水平或垂直的翻转
	裁剪	裁剪掉图片中不需要的部分
	调整大小	改变图片的实际大小
曝光/光线	曝光	调整图片对比度和颜色
	色阶	调整图片的色阶
	自动色阶	自动调整图片的色阶
	色调曲线	调整图片的色调曲线图
	光线	调整阴影、感光等参数,以调整图片的光线强弱

续表

选　项	名　　称	功　　能
颜色	白平衡	消除色偏现象
	色彩平衡	调整图片的饱和度、亮度、色调等,改变图片的颜色效果
细节	锐化	调整图像边缘细节的对比度
	模糊	使图片呈现模糊的效果
	杂点	去除图片中的杂点效果
	清晰度	调整图片的清晰效果

7.4　多媒体播放软件的使用

随着信息时代的到来,计算机逐步走进了人们的生活。在为人们的工作提供便捷的同时,也凭借其强大的多媒体功能,使生活变得更加丰富多彩。在工作中或工作之余,人们常用计算机来处理音频和视频的播放。这里介绍目前流行的 RealPlayer 软件的使用。

1. 认识多媒体播放软件

一个多媒体系统不但需要光驱、视频卡、声音处理卡等硬件的支持,而且还需要有软件的配合才能发挥多媒体优势。视频播放器软件可以把视频影像文件的内容呈现出来,使大家享受视频带来的精彩内容。

RealPlayer 是全球拥有用户最多、与 Windows 操作系统集成度最高、内置各种流行音视频解码器最全的一款影音播放软件,互联网用户几乎家喻户晓。近年推出的 RealPlayer 软件无论是音视频的整体播放性能,还是影音播放控制、音视频编辑、媒体文件网络传输与刻录以及网络游戏、网络歌曲等娱乐扩展功能,在品质上都有了很大程度的提升。

2. RealPlayer 的使用

RealPlayer 软件启动后的界面如图 7-13 所示。RealPlayer 软件的主要功能是视频播放,可以播放多种格式的视频,在播放时可以选择两种播放方式:正常模式和影院模式。

图 7-13　RealPlayer 的程序主界面

播放一个视频文件的操作方法是执行【文件】/【打开】命令,打开【打开】对话框,然后在【打开】文本框里直接输入视频文件的路径或单击【浏览】按钮,找到要播放的视频文件,单击【确定】按钮,视频在几秒钟之后就自动播放了。

另外一种播放视频的方法是当系统安装过 RealPlayer 软件之后,软件会自动关联系统中的所有可支持播放的媒体格式,找到要播放的视频文件,双击后直接打开就可以播放。

7.5 翻译软件的使用

随着全球化的发展,国际化交流变得越来越频繁。现在学习、工作中经常要对英文资料阅读和利用,使得人们不得不依赖一些翻译软件来提高自己的英语水平和了解外文资料的内容,这样就出现了各式各样的英语翻译软件。下面介绍目前流行的金山词霸软件的使用方法。

1. 认识金山词霸软件

金山词霸是金山公司开发出来的一款用于英语学习的翻译工具,是一款多功能电子词典类工具软件,可以即指即译,能快速、准确、详细地查词。金山词霸发行至今的版本已经有很多,用户也非常多,这里介绍的是金山词霸 2016 版。

金山词霸 2016 版强化了互联网的轻巧、灵活应用,安装包含了金山词霸主程序及两本常用词典,可联网免费使用例句搜索、真人发音及更多网络词典。同时,金山词霸还提供了网络词典服务平台,用户也可通过下载新内容不断完善本地词库。

双击计算机桌面上的金山词霸软件图标 ,便可打开金山词霸软件,它的主界面如图 7-14 所示。

2. 金山词霸软件的使用介绍

1)词典应用

金山词霸最核心的功能是查词功能,它具有智能索引、查词条、查词组、模糊查词、变形识别、拼写近似词、相关词扩展、全文检索等各项应用。

(1)智能索引。金山词霸词典搜索能跟随用户的查词输入,同步在金山词霸词典中搜寻最匹配的词条,辅以简明解释,帮助用户最快地找到想要的查词输入,自动补全。它还会根据用户的输入词自动寻找这个词的词组或短语,如图 7-15 所示。在查词过程中,金山词霸会自动寻找同义词、反义词、其他扩展词等。

(2)模糊查词。在查词过程中,可以借助"?""＊"这样的通配符对具体拼写不记得的词条进行模糊查找。例如,要查找"success",可以输入"su??ess"或"suc＊ss"("?"代表单个字母或汉字,"＊"代表字符串)查找到该词。

(3)变形识别。能自动识别单词的单复数、时态及大小写智能识别,给出最合适的词条解释。如"dictionaries"会给出"dictionary";"searched"会给出"search";"US"会给出"US"与"us"的两种解释。

图 7-14 金山词霸 2016 版主界面

图 7-15 查词输入界面

2）屏幕取词

单击金山词霸主界面右下方的 ☑ 取词 按钮即可开启或关闭屏幕取词功能。取词功能可以翻译屏幕上任意位置的单词或词组。将鼠标指针移至需要查询的单词上，其释义将即时显示在屏幕上的浮动窗口中，如图 7-16 所示。程序会根据取词显示内容自动调整取词窗口大小、文本行数等，用户可通过取词按钮随时暂停或恢复功能。

图 7-16　屏幕取词

3）语音应用

金山词霸提供了超强的朗读功能，共分为两种，一种是固定内容的朗读；一种是选中内容的朗读。

（1）固定内容的朗读：在查词、查句结果页中单击 🔊 按钮，单击后会对该词、该句进行朗读。

（2）选中内容的朗读：在查词、查句结果页中选中需要朗读的部分，右击，从弹出的快捷菜单中执行【朗读】命令。

4）翻译

翻译功能包括翻译文字和翻译网页。翻译界面如图 7-17 所示。

图 7-17　翻译界面

（1）翻译文字：在原文框中输入要翻译的文字，选择翻译语言方向，单击【翻译】按钮，稍后译文会显示在译文框内。

（2）翻译网页：在网址框中输入要翻译的网页，选择翻译语言方向，单击【翻译】按钮，会打开此网页（网页中的文字已被翻译）。

7.6　地图软件的使用

现在，很多人出行都会习惯性先查下地图软件，或使用导航软件。电子地图和导航的出现方便了我们的生活。目前，地图软件越来越多，例如，百度地图、谷歌地球、高德地图等。下面介绍谷歌地球软件的使用。

1. 谷歌地球软件的介绍

谷歌地球（Google Earth，GE）是一款 Google 公司开发的虚拟地球仪软件，它把卫星照片、航空照相和 GIS 布置在一个地球的 3D 模型上。用户可以在 3D 模型地图上搜索特定区域，可通过放大缩小工具查看详细地图。在谷歌地球上可以查看卫星图像、3D 建筑、3D 树木、地形、街景视图、行星以及更为丰富的信息。

正确安装谷歌地球软件后，双击计算机桌面上的谷歌地球软件图标，便可启动谷歌地球软件。谷歌地球软件主界面如图 7-18 所示，左侧由搜索、位置以及图层三个板块组成，右侧是地球的显示区域，所需要显示的信息可以通过工具栏中的视图工具进行设置。

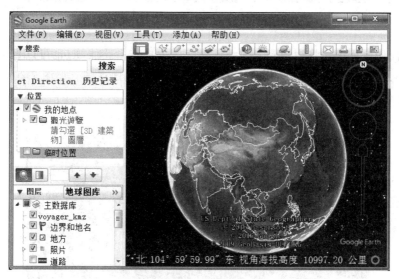

图 7-18　谷歌地球软件主界面

搜索板块：将所需要查找的城市名称输入搜索框中，按 Enter 键或者直接单击【搜索】按钮即可直接到达所要查找城市的地图界面，搜索可以用拼音，也可以用中文汉字。

位置板块：可以由自己添加，添加之后，在下次使用谷歌地球就可以直接在【我的地点】中查找,无须再通过搜索进行查询,可以更快地查询到目标地点。

图层板块:可以设置在地球上显示的选项,根据自己的喜好、需求,选择需要的选项,在查看地图的时候,可以看到更加详细的信息。

2. 谷歌地球软件的使用

在谷歌地球软件主界面的搜索框中输入想要查找的城市名称,如"北京",然后按Enter键或者直接单击搜索框旁边的【搜索】按钮,右侧的地球显示框中会定位到你所要查询的城市,如图7-19所示。使用鼠标滚轮可以控制界面的放大缩小,也可以使用右侧显示的放大缩小工具来进行操作。单击"+"放大,单击"一"缩小。

图7-19　地球显示框显示的地图

可以使用鼠标滚轮将地图放大到一定程度之后再查看路线图,也可以直接拖动右侧的"黄色小人"到想要查看的地方,可以直接进入该点的平面视图。如图7-20所示,将"黄色小人"拖到地图上"北京"字样上,松开鼠标,即可直接到达北京的平面视图。单击平面

图7-20　拖动"黄色小人"查看地图

视图上面显示的地方名称，便可直接查看该地的街景图片，如图 7-21 所示。

图 7-21　查看街景图片

单击鼠标可以在地图上游览，有一种身临其境的感觉，可以随意单击各处地点查看当地的街景图片。单击平面视图右上角的【退出地平面视图】按钮即可退出平面视图界面，重新返回地球显示。

对于 Google Earth（谷歌地球）6 系列版本，还可以查看其他外星球，单击任务栏上的星球标志即可在地球及其他星球之间进行切换，这里不再赘述。

7.7　上 机 实 训

7.7.1　实训 1　杀毒软件的下载、安装和使用

实训目的

掌握杀毒软件的下载、安装和使用方法。

实训内容

从 360 安全中心网站下载、安装免费的 360 杀毒软件，并使用其对计算机进行查毒和杀毒。

实训步骤

- 登录 360 安全中心（http://www.360.cn）。
- 下载并安装 360 杀毒软件。
- 查毒、杀毒操作。

7.7.2　实训 2　压缩工具软件的下载、安装和使用

实训目的

掌握压缩工具软件的下载、安装和使用方法。

实训内容

从大型软件下载网站下载、安装压缩解压工具,并使用其对文件进行压缩和解压操作。

实训步骤

- 登录软件下载网站,查找最新版的压缩解压工具。
- 下载并安装压缩解压软件。
- 对文件进行压缩和解压操作。

7.7.3 实训 3 图片编辑软件的下载、安装和使用

实训目的

掌握图片编辑软件的下载、安装和使用方法。

实训内容

从大型软件下载网站下载、安装和使用图片编辑软件。

实训步骤

- 登录软件下载网站,查找最新版的美图秀秀图片编辑软件。
- 下载并安装美图秀秀图片编辑软件。
- 使用美图秀秀图片编辑软件对已有的相片进行浏览和剪裁、调整大小等操作。

7.7.4 实训 4 多媒体播放软件的下载、安装和使用

实训目的

掌握多媒体播放软件的下载、安装和使用方法。

实训内容

从大型软件下载网站下载、安装和使用暴风影音多媒体播放软件。

实训步骤

- 登录软件下载网站,查找最新版的暴风影音多媒体播放软件。
- 下载并安装暴风影音多媒体播放软件。
- 使用暴风影音多媒体播放软件播放多媒体文件。

7.7.5 实训 5 翻译软件的下载、安装和使用

实训目的

掌握翻译软件的下载、安装和使用方法。

实训内容

从大型软件下载网站下载、安装和使用灵格斯词霸。

实训步骤

- 登录软件下载网站,查找灵格斯词霸翻译软件。

- 下载并安装灵格斯词霸翻译软件。
- 使用灵格斯词霸翻译软件进行外文翻译等操作。

7.7.6　实训 6　地图软件的下载、安装和使用

实训目的

掌握地图软件的下载、安装和使用方法。

实训内容

从大型软件下载网站下载、安装和使用百度地图软件。

实训步骤

- 登录软件下载网站，查找百度地图软件。
- 下载并安装百度地图软件。
- 使用百度地图软件进行地点、线路搜索等操作。

常用办公设备的使用和维护

在现代办公过程中,经常要使用各种办公设备,因此有必要熟悉常用办公设备的作用,掌握常用办公设备使用和日常维护及保养知识。

本章主要内容

- 打印机的使用和维护;
- 扫描仪的使用和维护;
- 复印机的使用和维护;
- 数码相机的使用和维护;
- 投影仪的使用和维护。

能力培养目标

使学生掌握办公自动化常用设备的使用方法和基本维护知识。

8.1 打印机的使用和维护

1. 打印机的作用

打印机是计算机系统中最重要的输出设备之一,其主要作用是将计算机输入、编辑好的文稿及图片等信息以纸质文本的形式呈现出来。在现代办公中,人们往往使用计算机输入、编辑文档或图片,然后使用打印机打印出来。

2. 打印机的类型

打印机的种类很多,根据打印原理可分为针式打印机、喷墨打印机、激光打印机三种类型。除此之外,还有一些不常接触的打印机类型,如热转印打印机、热升华打印机和热蜡式打印机等,主要用在一些特定领域。下面主要介绍最常用的三种打印机。

1) 针式打印机

针式打印机的工作原理是利用打印机所接到的点阵图信号,按照位置击打打印机上的钢针,使针头接触色带,从而在纸上打印相应的点,最后组成相应的文本或图像。根据打印头使用打印针的数量,可分为 9 针、12 针和 24 针打印机。针数越多,打印效果越好。

针式打印机造价低廉、打印成本低、操作十分方便,目前仍广泛应用于银行、邮电、税务、证券、教育、航空、铁路和商业领域的应用输出方面。

2) 喷墨打印机

喷墨打印机是目前流行的打印机,其工作原理是利用喷墨头把细小的墨滴喷到打印纸上,墨滴越小打印的图片就越清晰。该类打印机有体积小、价格低廉、打印噪声小等特点。

喷墨打印机按其喷墨技术可以分为连续式和随机式两种;按照喷墨打印所使用的墨水,可分为固体喷墨和液体喷墨两种方式。目前,市场上已经出现了集彩色打印、彩色复印、彩色扫描以及传真等功能于一体的多功能打印机。

3) 激光打印机

激光打印机无论在打印品质、打印速度还是噪声大小等方面都远远优于针式打印机,在打印机市场上占有很大的份额。激光打印机的工作原理比较复杂,这里就不再介绍了。

按照激光打印机是否能够打印彩色,分为黑白激光打印机和彩色激光打印机两种类型,由于彩色激光打印机的价格过于昂贵,它主要在专业领域应用,目前普遍流行的是黑白激光打印机。该类打印机具有打印速度快、打印品质好、工作噪声小等优点,目前广泛应用于办公自动化、计算机辅助设计等系统领域。

3. 打印机的使用方法

1) 打印机与计算机连接

新型的打印机一般都使用 USB 接口与计算机连接,原来的打印机一般用 COM 口与计算机相连。根据打印机种类的不同,选择插入计算机机箱后面相应的插口。

2) 安装打印机的驱动程序

打印机与计算机连接以后,还需安装打印机的驱动程序才能够使用。

把打印机的驱动程序光盘放入计算机的光驱里,光盘会自动运行,进入驱动程序安装向导,在向导的引导下,选择打印机对应的型号等参数,安装结束后,计算机系统会要求重启计算机。重启计算机后,系统提示“发现新硬件”,此时无须任何操作,系统会在大约 1 分钟完成驱动程序的安装。

3) 纸张的选择

设置打印机纸张的大小,可按照文档或图片编辑软件的提示进行选择,对于支持多种纸型的打印机,一般都在纸槽的位置标有选择纸张的标识,如果打印机为单一纸型的话,直接把纸放进纸槽即可。

4. 打印机的日常保养和维护

使用打印机的过程中,打印机的保养、维护工作是不容忽视的事情。做好维护工作可以延长打印机的寿命、减少出现故障的概率,甚至可以节约成本。而无论使用的是哪种类型的打印机,都应遵守以下几点注意事项。

- 放置要平稳,以免打印机晃动而影响打印质量、增加噪声,甚至损坏打印机。
- 不使用打印机时,要将打印机盖上,以防灰尘或其他脏东西进入,影响打印机性能和打印质量。

- 不在打印机上放置任何东西,尤其是液体。
- 在拔插电源线或信号线前,应先关闭打印机电源,以免电流损坏打印机。
- 不使用质量太差的纸张,如太薄、有纸屑或含滑石粉太多的纸张。
- 清洗打印机时要关闭打印机开关,用干净的软布进行擦拭,不要让酒精等液体流入打印机,尽量不要触及打印机内部的部件。

8.2　扫描仪的使用和维护

1. 认识扫描仪

扫描仪是一种光机电一体化的高科技产品,可以将各种形式的图像信息输入计算机中,如果配上文字识别软件,还可以快速、方便地把各种文稿输入计算机内,大大加快了计算机的文字输入速度。现在,扫描仪已是现代办公中常用的设备之一。

扫描仪的外部构造主要是由上盖、原稿台、控制操作键组成。它的内部构造主要是由光学成像部分、光电转换部分和机械传动部分组成。

2. 扫描仪的使用方法

扫描仪的使用方法如下。

第1步:打开图像编辑软件。在【文件】菜单下单击【获得】按钮,从中选取【图像】(如果你是第一次使用扫描仪,请记住在【选择源文件】中选择扫描仪配套的驱动程序),这时扫描驱动的应用窗口会自动弹出。

第2步:将扫描图像朝下放在扫描仪玻璃上,图像的一角请对齐基点(一般放置于扫描仪玻璃的边角处)。

第3步:在扫描仪驱动软件的窗口中单击【预览】按钮。如果在【设置】菜单里选择了【自动预览】,扫描仪将会自动做一次预览,然后可以看到预览的扫描结果(和最终的扫描结果一样)。如果必要的话,可通过扫描仪配套的软件上的菜单和工具改变图像类型及其他特性。选择所要扫描的图像范围,将鼠标移至预览范围之内定位于扫描区域的左上部,按住鼠标将其拖至预览区域的右下部,会看见一个矩形选择区域。可通过改变及移动此矩形来调节扫描范围。单击【扫描】按钮后,扫描仪将开始正式扫描,一般将扫描图片若干次以获取扫描图像的最终结果。

第4步:关闭扫描仪配套驱动软件窗口,返回图像编辑软件,就获得了所需要的扫描图片。

3. 扫描仪的日常保养和维护

(1) 要保护好光学部件。扫描仪在扫描图像的过程中,通过一个叫光电转换器的部件把信号转换成数字信号,然后再送到计算机中。这个光电转换设置非常精致,光学镜头或者反射镜头的位置对扫描的质量有很大的影响,因此在工作过程中,不要随便地改动这些光学装置的位置,同时要尽量避免对扫描仪的震动或者倾斜。遇到扫描仪出现故障时,不要擅自拆修,一定要送到厂家或指定的维修站去。另外,在运送扫描仪时,一定要把扫描仪背面的安全锁锁上,以避免改变光学配件的位置。

(2) 扫描仪是一种比较精致的设备,平时一定要认真做好保洁工作。扫描仪的玻璃平板以及反光镜片、镜头,如果落上灰尘或者其他一些杂质,会使扫描仪的反射光线变弱,从而影响图片的扫描质量。因此一定要在无尘或灰尘尽量少的环境下使用扫描仪,用完以后,用防尘罩把扫描仪遮盖起来,以防止更多灰尘来侵袭。当长时间不使用时,也要定期对其进行清洁。清洁时,可以先用柔软的细布擦去外壳的灰尘,然后再用清洁剂和水对其认真地进行清洁。接着再对玻璃平板进行清洗,由于该面板的干净与否直接关系到图像的扫描质量,因此在清洗该面板时,先用玻璃清洁剂擦拭一遍,再用软干布将其擦干净。

8.3　复印机的使用和维护

1. 认识复印机

复印机是从书写、绘制或印刷原稿得到等倍放大或缩小的复印品的设备。复印机复印速度快,操作简便,与传统的铅字印刷、蜡纸油印、胶印等印刷方法的主要区别是无须经过制版等中间手段,就能直接从原稿获得复印品,新型多功能复印机还具有打印机和扫描仪的功能。

2. 复印机的使用方法

不同型号的复印机,使用方法略有不同,基本使用步骤如下。

将复印机的线插好后,打开复印机的电源开关,待复印机预热后,把文件放到玻璃稿台上,在侧纸盘或下纸盘中放入和复印文件大小相对应的纸形,当复印按钮由闪烁变为绿色时按下【复印】按钮,即开始复印。

如果要缩小或者放大文件,将文件放至玻璃稿台后,调节缩小键或放大键,将百分比设置为要缩放的比例,按下【复印】按钮,即可实现缩小或放大复印。也可以对复印对象进行加深或减淡颜色的操作,操作方法与放大(或缩小)类似。

3. 复印机的日常保养和维护

虽然使用复印机复印的成本低廉,但复印机本身的价格却较昂贵。为了使复印机始终保持良好的工作状态,当经过一段时间的使用,或复印份数达到一定数量时,都应及时进行清洁保养和维护。这样才能保证复印品的质量及延长复印机的使用寿命。

1) 清扫充电器

复印机含有 A、B 两个电极,为了保证复印质量,最好一周清扫一次电极。但是要注意,一定要先关闭电源,然后再进行以下操作。

第 1 步:打开前盖。

第 2 步:清扫 A 极,握住电极清洁把手,朝前拉出,然后慢慢地推回到里面直至尽头。

第 3 步:清扫 B 极,先把供纸盒拉出,然后握住电极清洁把手,朝前拉出,再慢慢推回到里面直至尽头。

2) 清洁玻璃稿台和原稿盖板

如果玻璃稿台和原稿盖板脏了,复印件上就会出现一些污渍或灰印,影响复印质量。

这时,需用一块软布擦拭玻璃稿台,用酒精擦拭复印机的原稿盖板,最好一周擦一次。需要注意的是,在清洁复印机之前必须先关闭电源开关。

8.4　数码相机的使用和维护

1. 认识数码相机

数码相机与传统相机的工作方式截然不同,它是数字摄影技术的尖端产品。传统的照相机是利用胶片的瞬间采光和曝光,把影像投射到胶片上,通过冲印设备把胶片还原,而数码相机使用电荷耦合器件光敏材料芯片,这种特殊的芯片与光作用之后,可将其作用强度翻译成数字信号,光通过红、绿、蓝三原色的滤色镜以后,将每一种单色的光谱、光敏反应都记录下来,再通过软件合成和计算之后,数码相机便可确定相片每一部分的颜色。由于数码照片是数字数据的集合,因此可以传送到计算机中进行加工处理。

数码相机比传统相机的功能多,照片质量也好很多。大多数数码相机还具有摄像功能,可以拍摄视频短片。

2. 数码相机的使用方法

数码相机具有技术先进、功能丰富的特点,但使用前必须做一些设置工作。如分辨率的选择、曝光补偿的选择、自动平衡的调整、感光度的设置,这些将直接影响到所拍照片的成像质量。数码相机设有多种拍摄质量的选择,分为标准、精细、超精细(最高分辨率)。

由于拍摄时光线和环境的变化,我们需要经常手动调整数码相机的曝光补偿。数码相机一般有自动调整曝光补偿的设置,在曝光补偿的设置中标有"＋""－"数轴,"＋"指增加曝光,"－"指减少曝光。在背景很亮而主体逆光时,需要将补偿值调向"＋"端。在黑色或灰色背景前对主体拍摄时,需要将补偿值调向"－"端。

一般数码相机都可设置多种感光度,以适应不同的拍摄要求。在拍摄快速运动的物体、现场光线暗、闪光灯亮度不足或不能使用闪光灯的情况下,就需要设定感光度来拍摄。

注:在拍摄前一定要查看一下液晶显示屏上曝光数值的设定,当拍摄条件不理想时,不妨多用几种补偿设定,多拍几张进行比较选择。删除不理想的画面重新拍摄,这正是数码相机的优势。

3. 数码相机的日常保养和维护

1) 机身的维护保养

(1) 存放数码相机要远离灰尘和潮湿,存放前就先把皮套、机身和镜头上的指纹、灰尘擦拭干净。并取出电池,卸掉皮套,存放在有干燥剂的盒子里(能够保存在防潮箱中最好)。有条件的情况下,应该放在能够控制温度、湿度的封闭空间。

(2) 数码相机应在清洁的环境中使用和保存,避免因外界的污物导致相机产生故障。要注意防止烟雾和风沙,风沙容易刮伤相机的镜头或渗入对焦环等机械装置中造成损伤,除了正在拍摄外应随时用护盖将镜头盖住,在风沙大的地区最好将相机的护套戴上。

(3) 数码相机不能直接暴露于高温环境下。

（4）数码相机要注意防寒，将相机放在口袋中，可以让相机保持适宜温度。将相机从寒冷区带入温暖区时，可能会出现结露的现象，应在温度升至室内温度时再使用；将相机从低温处带到高温处还会使相机出现一些压缩现象，因此注意不要使相机的环境温度在短时间内发生很大的变化。

（5）数码相机要注意防水防潮。在潮湿环境下工作时，一定要采取严格的防护措施，确保相机不受伤害或少受影响。可以随身携带一个有拉链的塑料袋子，在非常潮湿或灰尘较大的环境中，在侧面挖一个小洞（刚好放得下相机镜头），把相机放在袋子里，不让雾气、湿气和尘土进入相机。如果不小心溅到水、饮料时，要赶快将相机电源关掉，擦拭机身上的水渍，再用橡皮吹球将各部位的细缝吹一吹，风干几小时后，再测试相机是否有故障，不要立即开机测试，否则可能造成相机电路短路。

（6）清洁数码相机时，先用橡皮吹球将附着于机身的灰尘吹落，然后使用柔软的棉绒布擦拭机身。在清洗相机时，切勿使用溶剂苯等挥发性物质，以免相机变形甚至溶解。清洁工作完成后，要将相机转入防潮箱内存放，而不要放进摄影背包中存放。因为软质的背包，含有大量的泡棉与布材，很容易吸收水分。

（7）发现相机有异常时，不要自行拆卸。因为数码相机在出厂时，厂家对其配件与性能之间的关系进行了严格的测试，自行拆卸过程中，稍有不慎，损坏了某个光学配件或者改变了某个配件的位置，都有可能导致数码相机的拍摄效果下降。

2）数码相机镜头的维护保养

镜头暴露在空气中，积聚在上面的灰尘会大大降低数码相机的工作性能，如降低图像质量、出现斑点或减弱图像对比度等。在使用过程中，不小心在镜头上留下指纹，也会使取景效果下降，因此要尽快清洗镜头。

清洗镜头时，先使用软刷和橡皮吹球除去尘埃颗粒，然后滴一滴镜头清洗液在拭纸（注意不要将清洗液直接滴在镜头上），并反复擦拭镜头表面，再用一块干净的棉纱布擦净镜头。如果没有专用的清洗液，也可以在镜头表面哈口气，虽然效果不如清洗液，但是也能使镜头干净。应该注意的是，务必使用棉纸，而且在擦洗时，不要用力挤压。千万不要用硬纸、纸巾或餐巾纸来清洗镜头，它们都含有刮擦性的木质纸浆，会严重损害镜头上的易损涂层。

需要换镜头的高档数码相机，在拆除镜头时，要快速更换相机镜头，以免灰尘进入。简易型的"傻瓜式"数码相机基本上是密封式设计，防尘效果较好。

8.5 投影仪的使用和维护

1. 认识投影仪

投影仪可以把计算机屏幕上的信息放大投影到大屏幕上，让更多的人观看。现在投影仪已是不可缺少的办公设备了，不仅在各种会议上使用，还广泛地应用于学校的电子教室和公共场合的大屏幕等。

投影仪可以连接数字展台、S 端子、RJ-45 网络接口、USB 设备结构等提供的多种接口。

2. 投影仪的使用方法

（1）将投影仪与计算机正确连接，接好电源线，打开电源开关，并放下投影屏幕。

（2）按投影仪上的开启投影仪（启动过程需要一分多钟，切勿不停地按 POWER 键）。

（3）将投影仪的视频输入信号电缆（红色梯形 15 针 VGA 公接口）接至计算机的外部视频输出端口（蓝色梯形 15 针 VGA 母接口）。

（4）启动计算机。

（5）按组合切换键切换计算机的显示信号至外部输出接口。

（6）使用完毕后关闭笔记本电脑，按投影仪的 POWER 键，按照投影仪提示菜单进行关机。

注：关机的过程需要 2 分钟，切勿在投影仪风扇停止之前切断电源。

3. 投影仪的日常保养和维护

1）光学方面

（1）防尘：灰尘是投影仪的头号大敌。存放投影仪应尽量选择灰尘少的地方，禁止在存放投影仪的地方吸烟。

（2）除尘：投影仪使用一段时间后会有灰尘，因此要对投影仪定期清洁。一般做法是将隔尘风扇拆下来清洗，或用刷子轻扫，或用气筒直接吹尘。这种做法对于散热风扇同样适用。对散热风扇进行除尘，可使风扇冷却及防尘效果更好。镜头是投影仪核心部件，灰尘过多会影响投影的清晰度和效果，因此也要经常除尘，由于镜片极易被划伤，所以千万不能用湿抹布等擦拭，而要像清除数码相机镜头灰尘一样操作。

（3）防震：要避免对投影仪进行强烈的冲撞、挤压和震动。从外观来看，碰撞会造成投影仪表面的擦划，对于镜头也会有一定的危险。从内部来看，强烈的碰撞会造成液晶片的移位，从而影响到投影时的效果。而冲击会使变焦镜头的轨道损坏，造成镜头卡死，甚至镜头破裂无法使用。

（4）防潮：投影仪还要注意防潮，据一项资料介绍，正常情况下，投影仪正常工作的空气潮湿度为 45%~60%，如果空气潮湿度超过或低于这个范围，其工作性就会不稳定。存放投影仪时要选择具有良好通风的环境，以保证空气能够形成对流，这样湿度相对较小，不会对机器有大的影响。

2）灯源部分

投影仪灯泡是主要的耗材，而且灯泡比较昂贵，更换起来也不容易。因此要减少电流对投影灯泡电流的冲击。由于开机会产生巨大的冲击性电流，所以应该尽可能减少开机次数。投影仪的散热、通风可延长投影仪的使用寿命。如果通风不畅，热量散发受到阻碍，就会加速灯泡老化，对机芯部件的影响也会很大。严重时还会出现灯泡爆炸等危险情况。

3）电路部分

严禁带电插拔电缆，信号源与投影仪电源最好同时接进。这是由于当投影仪与信号源（如 PC）连接的是不同电源时，两零线之间可能存在较高的电位差。当用户带电插拔信号线或其他电路时，会在插头插座之间发生打火现象，损坏信号输入电路，由此造成严重后果。

在使用投影仪时,有时要求信号源和投影仪之间有较大距离,如吊装的投影仪一般都距信号源 15 米以上,这时应延长信号电缆。由此会造成输入投影仪的信号发生衰减,投影画面会发生模糊拖尾甚至抖动的现象。这不是投影仪故障,也不会损坏机器。解决这个问题的最好办法是在信号源后加装一个信号放大器,可以保证信号传输 20 米以上。

4)关机部分

合理的关机与灯泡的维护也有着紧密联系,一般投影完毕后投影仪不能马上关机,稍等 10 分钟,等投影仪冷却后再关机。因为这样机身内置的散热风扇还要继续为机内散热,如果马上关机,热量就不可能马上带走,将会对内部构件产生影响。

参 考 文 献

[1] 九州书源.PowerPoint 2007 演示文稿制作[M].北京：清华大学出版社，2009.

[2] 科教工作室.Word/Excel/PowerPoint 2007 应用三合一[M].北京：清华大学出版社，2009.

[3] 卓越科技.Word 2007,Excel 2007 办公应用融会贯通[M].北京：电子工业出版社，2009.

[4] 黄国兴，周南岳.计算机应用基础[M].北京：高等教育出版社，2014.

[5] 肖犁，汤淑云，叶爱英.计算机应用基础[M].北京：人民邮电出版社，2015.

[6] 肖金秀，黄恺昕.电脑操作及五笔字型短期培训教程[M].北京：冶金工业出版社，2006.

[7] 一线工作室.Excel/Word/PowerPoint：行政与文秘应用（赢在职场）[M].北京：电子工业出版社，2009.

[8] 胡欣杰，路川，侯奎宇.中文版 Office 2007 宝典[M].北京：电子工业出版社，2007.

[9] 肖诩，陈黎安，谢惠玲.办公自动化应用[M].北京：中国铁道出版社，2007.

[10] 张平，范吉钰.办公自动化基础教程[M].北京：人民邮电出版社，2008.

[11] 柳青.计算机应用基础[M].北京：高等教育出版社，2001.

[12] 杰创文化.图解 Office 2007 电脑办公综合应用[M].北京：电子工业出版社，2007.

[13] 武马群.计算机应用基础[M].北京：人民邮电出版社，2014.

[14] 陈荣征，于洪.Office 2007 办公软件应用立体化教程[M].北京：人民邮电出版社，2014.

[15] 刘冬伟，计胜学.办公自动化[M].北京：人民邮电出版社，2010.

[16] 王荣欣，刘刚，李娟.办公自动化安全教程[M].北京：电子工业出版社，2014.

[17] 徐卯，郑媛.计算机应用基础[M].广州：世界图书出版广东有限公司，2015.

[18] 全国计算机信息高新技术考试教材编写委员会.办公软件应用（Windows 平台）Windows 7＋Office 2010 职业技能培训教程[M].北京：北京希望电子出版社，2014.

[19] 杨云江，张成城.计算机应用基础教程[M].北京：清华大学出版社，2010.